Ensemble Learning for AI Developers

Learn Bagging, Stacking, and Boosting Methods with Use Cases

集成学习入门与实战

原理、算法与应用

[印度] 阿洛克·库马尔（Alok Kumar） 著
马扬克·贾因（Mayank Jain）
吴健鹏 译

化学工业出版社
·北京·

内容简介

《集成学习入门与实战：原理、算法与应用》通过6章内容全面地解读了集成学习的基础知识、集成学习技术、集成学习库和实践应用。其中集成学习技术包括采样、Bagging、投票集成、Boosting、AdaBoost、梯度提升、XGBoost、Stacking、随机森林、决策树等，从混合训练数据到混合模型，再到混合组合，逻辑严谨、逐步讲解；同时也对ML-集成学习、Dask、LightGBM、AdaNet等集成学习库相关技术进行了详细解读；最后通过相关实践对集成学习进行综合性应用。本书配有逻辑框图、关键代码及代码分析，使读者在阅读中能够及时掌握算法含义和对应代码。

本书适合集成学习的初学者和机器学习方向的从业者和技术人员阅读学习，也适合开设机器学习等算法课程的高等院校师生使用。

Ensemble Learning for AI Developers，1st edition/by Alok Kumar，Mayank Jain
ISBN 978-1-4842-5939-9

北京市版权局著作权合同登记号：01-2021-7317

图书在版编目（CIP）数据

集成学习入门与实战：原理、算法与应用/（印）阿洛克·库马尔（Alok Kumar），（印）马扬克·贾因（Mayank Jain）著；吴健鹏译．—北京：化学工业出版社，2022.1
书名原文：Ensemble Learning for AI Developers
ISBN 978-7-122-40167-0

Ⅰ．①集… Ⅱ．①阿… ②马… ③吴… Ⅲ．①机器学习 Ⅳ．①TP181

中国版本图书馆CIP数据核字（2021）第218228号

责任编辑：雷桐辉　　　　装帧设计：王晓宇
责任校对：宋　夏

出版发行：化学工业出版社（北京市东城区青年湖南街13号　邮政编码100011）
印　　装：大厂聚鑫印刷有限责任公司
880mm×1230mm　1/32　印张4¼　字数96千字　2022年2月北京第1版第1次印刷

购书咨询：010-64518888　　　　售后服务：010-64518899
网　　址：http://www.cip.com.cn
凡购买本书，如有缺损质量问题，本社销售中心负责调换。

定　　价：**69.80元**　

致谢

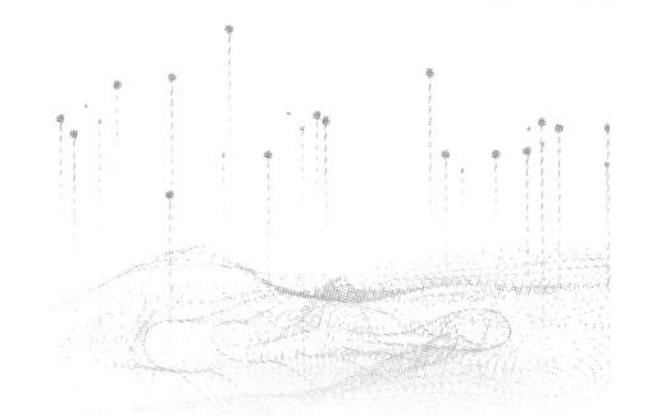

首先，感谢 Apress 团队在本书撰写过程中所给予的帮助和支持，完成本书的过程充满乐趣。其次，非常感谢策划编辑 Celestin Suresh John，在减轻项目困难使其易于实现方面提供了很大的帮助。最后，非常感谢研发专员 Aditee Mirashi 和编辑 Laura C. Berendson，他们持续地跟进帮助我们保持撰写进度。此外，感谢 Ashutosh Parida 宝贵的技术反馈意见。

同样感谢家人一如既往的帮助和支持。没有你们的支持和帮助，我们不可能完成这本书。

最后，感谢开源社区，本书中使用的所有数据库都来自开源社区，他们促进了知识的大众化。

前言

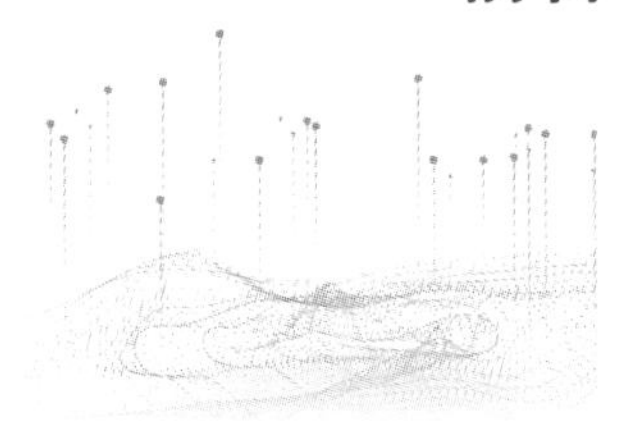

集成学习正迅速成为数据科学界机器学习模型的热门选择。集成方法通过多种有趣方式组合了机器学习模型的输出。即使从事机器学习工作多年的工程师，仍然有可能认识不到集成方法的强大之处，因为在大多数机器学习课程和书籍中，这个主题通常被忽略或仅给出简短的概述。

Kaggle 是一个有竞争性的机器学习平台，对机器学习技术进行了公正的评价。在过去的几年里，集成方法始终优于其他学习方法，这本身就诠释了集成学习技术所带来的好处。本书目的在于帮助读者了解集成学习技术，并在实际工作中有效地应用它。

本书第 1 章首先解释为什么需要集成学习，并对各种集成技术形成基本的理解。第 2 章、第 3 章和第 4 章涵盖了各种集成技术，并按照混合训练数据、混合模型和混合组合的顺序分别进行了阐述。在这些章节中，将认识到一些重要的集成学习技术，如随机森林、Bagging、Stacking 和交叉验证方法等。第 5 章介绍了集成学习库，这些数据库有利于加快训练速度。第 6 章介绍了将集成技术融入实际机器学习工作流的方法。

本书提出了一个简明、易于理解的方法来学习集成学习技术实际应用案例，无需数据模型初学者进行反复的学习。本书中的代码（Python 脚本）可以作为程序的延伸和参考。

目录

092

第6章
实践指南

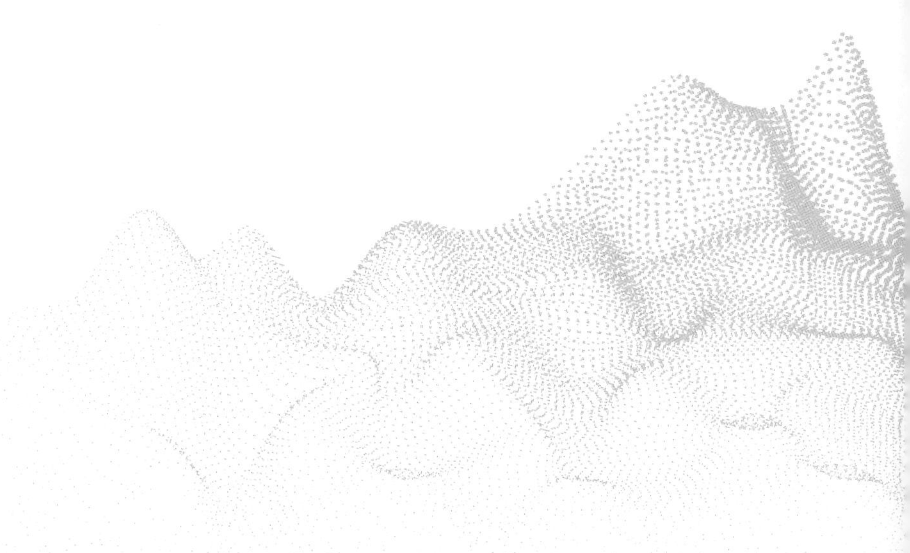

第 1 章 为什么需要集成学习

Ensemble Learning
or AI Developers

根据剑桥词典，“集成”被定义为一组事物或人以一个整体一起行动的某种活动。集成一词最早用于经常一起演奏的音乐家，音乐家们的一个集成是由多个音乐家个体所组成。同样，在机器学习中，集成学习是多种机器学习技术的结合。

集成学习正迅速地成为数据科学界中提高机器学习模型精度的方法。集成方法通过许多有趣的组合方式实现机器学习的输出功能，如同乐团的音乐家用多种不同的方式组合他们的个人表演，以实现一个伟大的创作。数据学家和架构师的作用与乐团首席或指挥类似，能够利用各个机器学习模型的优势，并以有趣的方式将它们组合起来，以达到相同价值的伟大作品（一个世界级的机器学习模型）。

再设想一下股票市场的投资问题。假设你对某只股票感兴趣，但你不确定它的未来发展情况，所以你决定寻求建议。你接触到能做出 75%的精确度预测的财务顾问的同时，又决定向其他财务顾问咨询，他们都会给你趋同的建议。如果每个顾问都建议你购买股票，那么这个集体建议的准确率是多少?

多数情况下，多个专家集体建议的准确性胜过任何一个顾问的准确性。同样，在机器学习中，特别是在不同的情况下或是以长远的眼光来看，多个机器学习模型的集成方法往往比任何单个机器学习模型具有更好的适应性能。

本书将在集成学习的体系下，通过多种方式组合多种机器学习模型。

集成学习技术可以进一步分为三大类广泛的体系：混合训练数据、混合模型和混合组合。本章将通过对每一个种类进行简要地介绍，建立起读者对集成学习技术的理解。

1.1 混合训练数据

读过物种进化史的人都知道，对于任何物种来说，拥有丰富的遗传多样性是非常重要的。遗传多样性较少的物种往往会灭绝，即使它们适应目前的生存环境。

造成这一现象的原因：即使一个物种（或目前的训练数据）已经成为其环境的主人，只要出现不利的环境条件，如新的致命疾病，它就无法适应，物种就容易灭绝。

划分种群是任何物种发展成丰富遗传多样性的途径之一，让它们在不同的环境条件下进化。这种方法能够将种群分成不同的群体，并将它们暴露在不同的环境下，使它们在新环境的基础上进化，从而促进遗传多样性的增加，有效防止种群同质化，也确保了在逆境中至少有一种亚群的物种能够生存。

将这一观点引入机器学习，就得到了一个混合训练数据的集成学习群体。将训练数据分成多个组块，并在每个训练数据子集上训练单独的分类器，取代在所有训练数据上训练单独的较大分类器。最后，将这些分类器的输出进行组合（图 1.1）。

这种方法确保了分类器在训练（进化）一个种群子集时能够捕获足够的多样性。结合这些不同分类器的输出，相比于在整个种群中训练单个学习器的情况，能够获得更高的准确性。这种对训练数据的划分称为 Bagging（Bootstrap Aggregating，引导聚类）装袋算法。将在第 2 章中讲解有关此技术的更多信息。

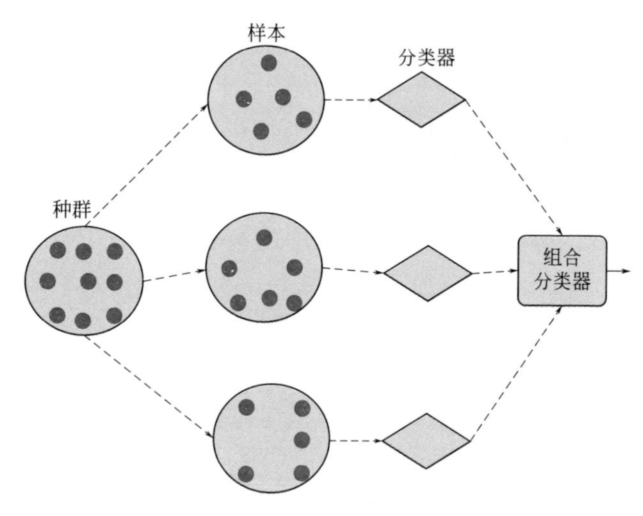

图 1.1　用 Bagging 混合训练数据

1.2　混合模型

这一类集成学习方法涉及不同的模型。设想 Ram 和 Shyam 这两个孩子以如下方案学习科学知识：Ram 正从一个很好的老师那里获取他所需要的知识，但是这位老师的教学方式很单调且乏味；Shyam 由多名老师以及他的父母来教育，每一位老师都通过不同的教学方式来提高他的科学教育。Ram 和 Shyam 谁取得好成绩的可能性会更大？在其他条件相同的情况下，在科学上 Shyam 有更好的机会取得出色的成绩。

在儿童教育中可以观察到，如果一个孩子不依赖于某单一的人或教学方式，他的学习将变得更好，因为学习不同风格的知识会掩盖单一的人或教学方法存在的盲点。

同样，在机器学习中使用这个类比，可以用很多不同的方法来训练网络，并且使用不同的模型（图 1.2），即使是在单个机器学习模型的情况下，也可以在训练运行的过程中使用不同的设置或者参数，可以通过训练多个模型或使用具有不同参数设置的训练将它们组合在一起，而不是仅依赖单个模型或单一超参数设置来完成机器学习任务。与使用单一模型或单一设置相比，其具有更好的精度和更低的偏差。第 3 章将讨论结合不同模型的集成技术种类。

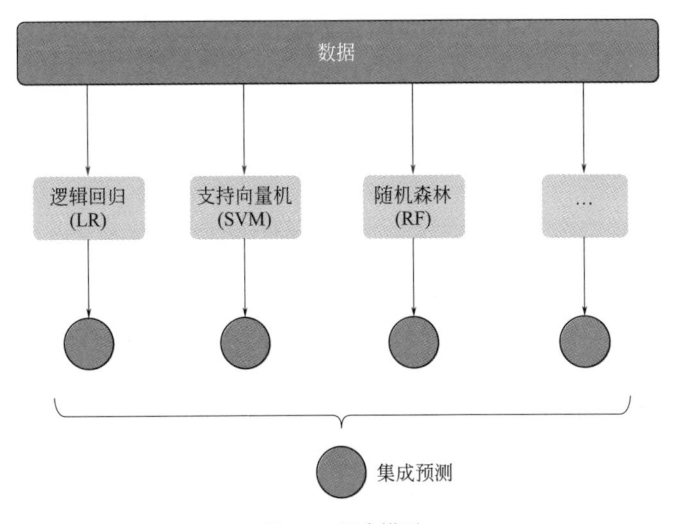

图 1.2　混合模型

到目前为止讨论的所有集成技术都将在第 2、3 和 4 章中详细介绍。只有将它们应用于实际的数据科学问题中，才有价值。对于很多有前景的概念，主要障碍是工具和库的支持和获取通道。幸运的是，随着机器学习研究人员意识到集成技术的力量，数据库的支持也迎头赶上。现在许多流行的集成技术都是用 Python 和 R 语言实现的，除了像 scikit-learn 这样的通用机器学习库中的集成支持之外，还开发了专门用于特定集成技术的库。如果想在数据科学项目中取得优秀的成果，需要注意目前哪些数据库是标准化的。

XGBoost（极端梯度提升算法）是一种用于多种语言的梯度提升框架，这些语言包括 C/C++、Python、Java 和 R，它可以在多个操作系统上运行。同时，它也可以在一台机器上运行或是利用多台机器并行运行。XGBoost 使得 Boosting（一种集成学习方法）能够快速实现。

LightGBM 是一个由微软开发和维护的非常流行的梯度增强框架，它可以在计算机集群上运行，并且可以利用 GPU 进行加速。

基于 R 语言开发的超级学习器是一个非常流行的软件包，能使多个模型组合，并能使集成技术的应用变得天衣无缝。它支持几十种算法（如 XGBoost、随机森林、GBM、回归、SVM、BART、KNN、决策树和神经网络），并且可以同时运行和测试这些算法。

在第 5 章中，将进一步介绍一些较为流行的数据库，以及支持 R 和 Python 等语言的集成方法。

机器学习中出现不同类型的问题具有不同的约束条件和不同的性能要求，因此需要根据需求选择集成技术的应用环境。了解在特定问题领域中什么有效，什么无效，这对相关技术人员非常重要。在第 6 章（实践指南）中，将介绍不同的集成技术应用于不同的问题领域（如图像分类、自然语言处理等）。

集成学习技术如今比较受欢迎的原因之一是它可以帮助我们解决问题。如果你正处在一个团队中并致力于解决一个具有挑战性的机器学习问题，目标是超越目前最先进的技术，团队成员用各自不同的方法得出了不同的结果，然后就可以通过简单的集成方法将所得结果进行合并，这也是最近在各种机器学习项目中获得突出成绩的团队所遵循的模式。

以 2017 年在 Kaggle 举行的安全驾驶预测比赛为例，5000 多个团队根据各种参数，为预测一名驾驶人明年是否会提出保险索赔的问题而展开竞争。获胜方的解决方案是由迈克尔·贾赫勒提出的，它混合了六种不同的机器学习模型，其中一种模型是使用 LightGBM 库中的 Gradient Boosting（梯度增强算法），然后他将结果与五个不同参数的神经网络结合起来，使用这组集成的结果，贾赫勒获得了最高排名和 25000 美元的奖金。

近年来，几乎所有的数据科学竞赛中，大多数获奖者的成绩都是依靠集成技术来获取的。

另一个例子是在 2019 年 9 月举行的 Avito 需求预测挑战赛，目标是根据不同的广告参数（如广告包含的图像、文本等）预测不同类型广告的需求。超过 1800 支队伍参加了比赛以争夺 25000 美元的奖金。最终胜出的队伍将他们的参赛作品命名为“与集成共舞”，并讲到比赛中所获的奖励要归功于对集成方法的应用。小组内的四个成员独立工作，每个小组成员使用多种集成方法，将 LightGBM 与不同参数的传统神经网络方法组合，并且团队成员使用集成功能来组合个人所获结果。

可以在许多竞争性编码平台上浏览关于获奖事迹的博客文章，比如 Kaggle。几乎所有人都使用集成技术改进了结果或者组合了不同的算法，这是集成学习在实际机器学习问题中取得成功的有力证据。

1.3 混合组合

为了更好地理解混合、变化、组合在集成学习中的含义，用学生在课堂上的学习过程做一个类比。

假设想要一个班的学生在所有课程上都表现出色，但发现有些学生在单元测试中表现不佳，则需要找出这些学生，并对他们得分较低的学科给予更多的重视，使他们赶上其他学生。为了给予更多的重视，通过给他们增加课程和分配额外的时间来提升学习成绩，这样可以确保学生在所有科目上都有更好的成绩。

在机器学习中使用相同的类比。从一个学习器集合开始，在这个集合中，每一个机器学习器都在一个特定的训练对象子集上接受训练，如果示范学习器的学习成绩很差，则应该更加重视该学习器。这种学习器的组合被称为 Boosting（提升算法）。

另一种不同的混合机器学习模型的方法，称为 Stacking（堆叠）。为了更好地理解这一点，想象一下堆叠在一起的板块，每个堆叠板块的顶部都是在板块底部的基础上建造的。类似地，在 Stacking 学习器中，将一个机器学习模型放在另一个机器学习模型的输出之后，以进行机器学习模型的堆叠。在这个集成技术中，将多个模型训练在一起，得到一个预测 / 输出学习器，当这些预测组合在一起时，可能会出现错误。

在 Stacking 中，将单个预测的结果作为下一组训练数据（机器学习模型 / 学习器的第一层称为基础学习器），将另一层机器学习模型学习器堆叠在基础层之上，第二层则称为元学习器（图 1.3）。可以将此技术视为将第一层机器学习器堆叠在另一层机器学习器之上。

Boosting 和 Stacking 这两种方法都涉及混合机器学习模型的各种不同的组合，这些组合将在第 4 章中进行详细介绍。

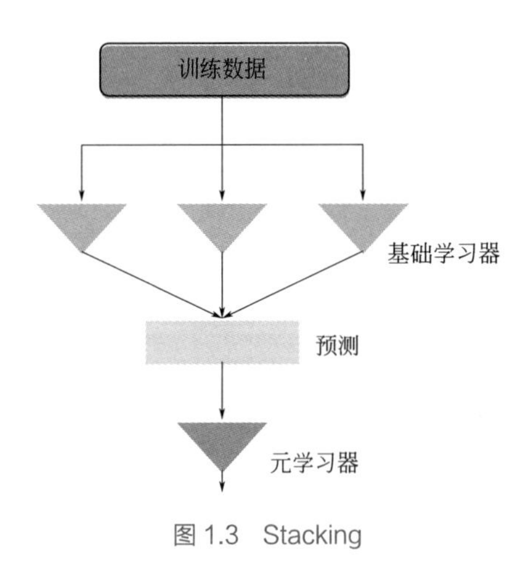

图 1.3 Stacking

1.4 本章小结

下面是对本章所涉及内容的简要回顾：

① 简要描述了集成学习的定义以及使用集成学习的原因。

② 简要介绍了利用集成学习训练数据混合的方法。

③ 简要介绍了混合模型所用到的集成方法。

④ 简要介绍了混合不同模型的组合所运用的集成学习方法，并以 Boosting（提升算法）和 Stacking（堆叠算法）进行举例说明。

⑤ 简要介绍了一些机器学习库。

⑥ 简要介绍了人类使用先进的集成学习技术在世界性难题或是数据科学竞赛上获取优秀成果的方法。

在下一章中，将开始学习如何构建基于集成工具的混合训练数据集成方法。

第 2 章 混合训练数据

Ensemble Learning
for AI Developers

在第1章中学习了乐队指挥如何利用管弦乐队和其他乐曲的合奏来创作一首优美的乐曲，并以此类比了数据科学家所承担的角色。同样，如果一个数据科学家想从他的数据和模型中得到举世瞩目的成就，那么应用集成工具是必不可少的。本章主要的目标是学习以不同的方法混合训练数据，以获得集成模型。

本章主要内容如下所示。

① 直观理解建立基于集成学习的方法对训练数据进行混合，以得到良好的预测结果。

② 决策树的介绍。

③ 学习使用 scikit-learn 库实现决策树的示例。

④ 介绍随机森林作为决策树的集合。

⑤ 学习采样数据集和两个变形：代码演示不替换采样（WOR）和替换采样（WR）。

⑥ 通过代码理解 Bagging。

⑦ 了解交叉验证技术：k 重交叉验证和分层的 k 重交叉验证。

首先了解混合数据可利用的原因。查尔斯·达尔文发现，如果一个物种没有足够的遗传多样性，它就容易灭绝，为什么会这样？因为每个物种的个体受到意外的自然灾害或疾病影响的概率相同，如果一个物种的所有成员基因全部相同，那么这个物种在受到意外的自然灾害或疾病影响时就会显得格外脆弱。

一个物种如何自然而然地发展出丰富的遗传多样性呢？发展丰富遗传多样性的自然途径之一是种群分化，并且必须在不同的环境条件下进化，这确保了如果一个物种遇到了不利的环境，至少这个物种的部分个体具有较强的适应能力，换句话说，该物种的生存是有保障的。将一个种群分成不同的群体，并将其置于不同的环境中，会使种群的进化略有不同，从而导致遗传多样性的增加。

如果使用整个训练数据训练单个模型，且真实的测试数据具有与训练数据相似的分布情况，机器学习模型才可能会正常运行。如果使用的数据与训练数据的分布不太相似，则可能会出现问题，为了解决这一问题，可以将训练数据进行分组，并在不同的分组上训练多个模型。由于训练数据具有不同的分布情况，训练所得的每一个模型都有不同的结果（与真实结果相符）特征，则可以将这些模型组合起来，得到比单个模型更好的结果，这就被称为混合训练数据。

2.1 决策树

下面用决策树机器学习模型的例子来学习如何将数据进行混合（图 2.1）。

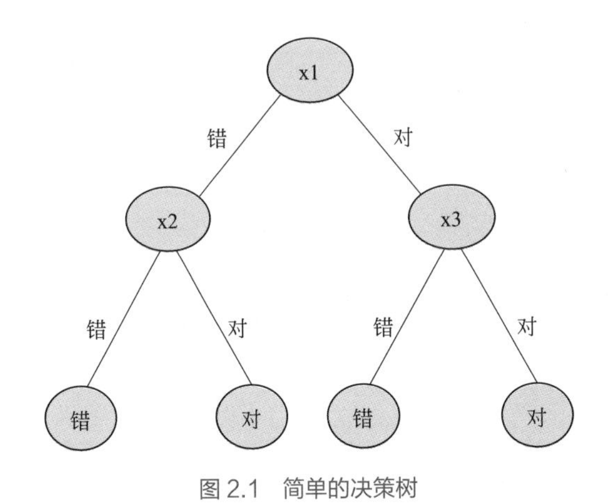

图 2.1 简单的决策树

决策树是一种从顶部节点开始的由上而下类似流程图的方法，每个节点表示需要基于一个或多个参数 / 变量作出决策，历经这些节点必须满足规定的深度，该深度取决于训练参数的数量。接下来从一个数据集的示例开始，去了解决策树是如何应用的。

鸢尾花数据集是机器学习领域中广泛使用的标准数据集，图 2.2 展示了鸢尾花数据集的决策树。任务是从鸢尾花样本中划分出三种不同的花，这个数据集有三种鸢尾花各 50 个样本，每个样本中可以获取以下参数：萼片长度、萼片宽度、花瓣长度、花瓣宽度。

本例考虑在四个参数中选取两个参数（萼片长度和萼片宽度）建立样本决策树，且所有叶片节点被分配到了一个花种类别之中。

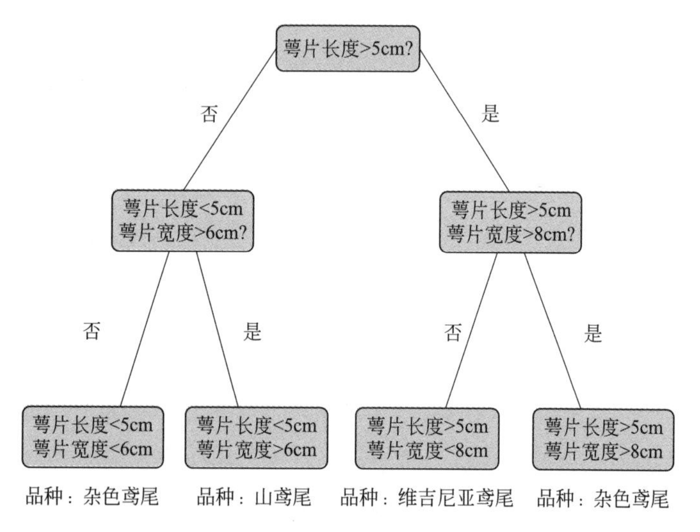

图 2.2　鸢尾花数据集的决策树

决策树的实际应用是从数据集中提取样本。决策树的运行从顶部节点分区的样本开始，并根据每个节点的条件进入下一分支，每个节点基于产生的响应传递到左节点或右节点。以此类推不断地进行条件测试，最终到达底部叶片节点，得到最终的赋值。

可以使用针对 Python 编程语言的 scikit-learn 库。程序 2.1 展示了如何使用 Python 中的 scikit-learn 库训练决策树。

程序2.1 使用scikit-learn库训练决策树

```
from sklearn.datasets import load_iris
from sklearn.tree import DecisionTreeClassifier
from sklearn.model_selection import train_test_split

X, y = load_iris(return_X_y=True)
train_X, test_X, train_Y, test_Y = train_test_
split(X, y,test_size = 0.2, random_state = 123)
tree = DecisionTreeClassifier()
tree.fit(train_X, train_Y)
print(tree.score(test_X, test_Y))
# Output: 0.9333333333333333
```

决策树的深度越大，训练数据集的准确性越高。但是，决策树的应用也存在一些问题。为了使所获得的数据集具备足够的精度，需要拥有一个更大（更深）的决策树，但是随着树的深度的增加，可能会出现过度拟合，这会导致测试数据集的精度降低。因此，出现一个不太准确、深度较小的决策树或一个深度较大的过度拟合树是常见的现象。

解决这个问题的其中一种方法是使用多个决策树而非单个，每个决策树应该有一组不同的变量或训练数据子集，然后将决策树的输出结果在随机森林中进行组合（图 2.3）。

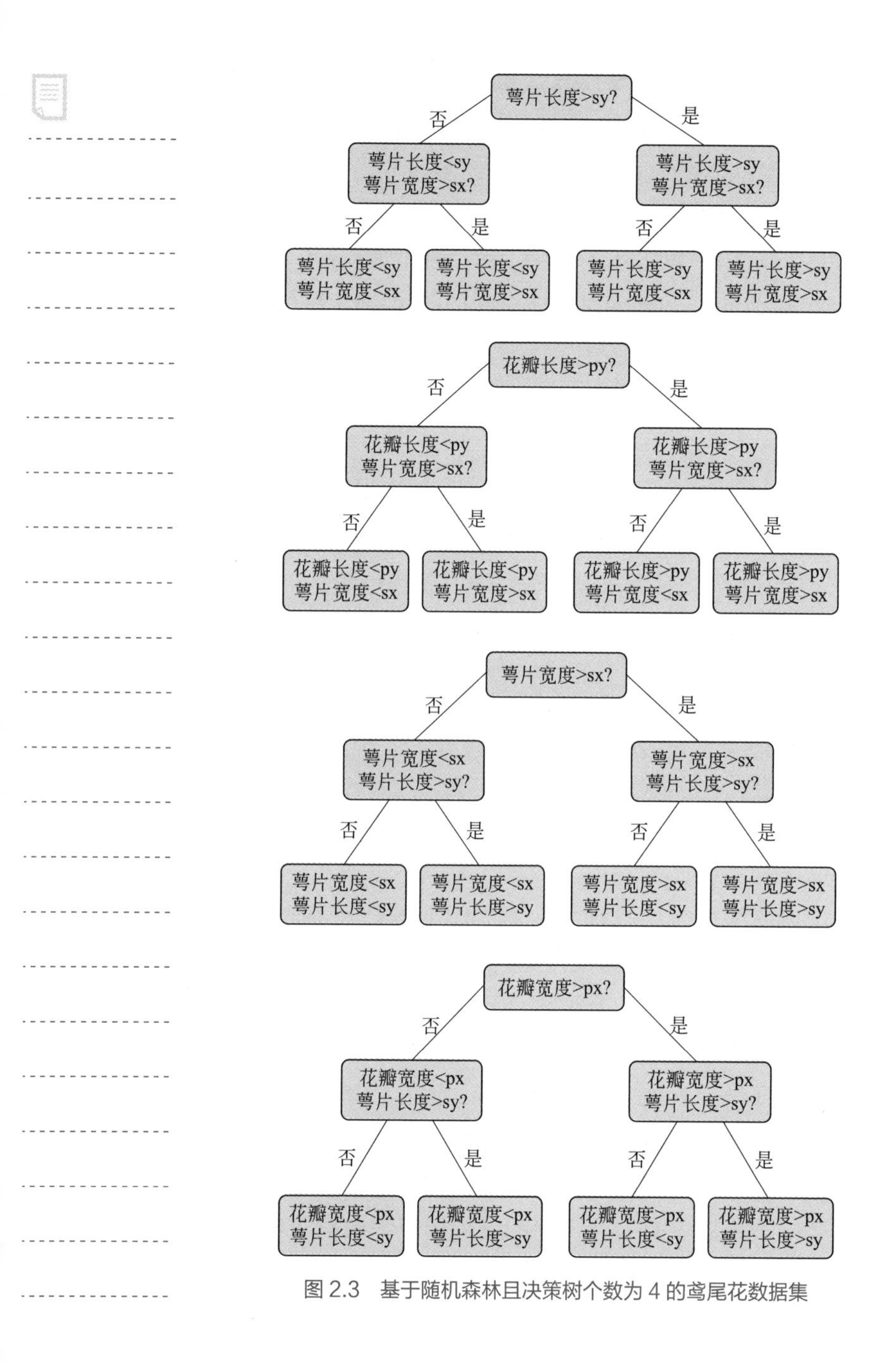

图 2.3　基于随机森林且决策树个数为 4 的鸢尾花数据集

顾名思义，随机森林由决策树的集合组成，每一棵树在不同的训练数据集上训练。程序 2.2 是从以 Python 为编程语言的 scikit-learn 库中提取的训练随机森林的代码片段。

程序2.2　使用scikit-learn库训练决策树个数为4的随机森林

```
from sklearn.datasets import load_iris
from sklearn.ensemble import RandomForestClassifier
from sklearn.model_selection import train_test_split

X, y = load_iris(return_X_y=True)
train_X, test_X, train_Y, test_Y = train_test_
split(X, y,test_size = 0.1, random_state = 123)
forest = RandomForestClassifier(n_estimators=8)
forest = forest.fit(train_X, train_Y)
print(forest.score(test_X, test_Y))

# Output: 1.0
rf_output = forest.predict(test_X)
print(rf_output)
# Output: [1 2 2 1 0 2 1 0 0 1 2 0 1 2 2]
```

决策树中的随机森林提供了两个方面的优化：

① 使得较浅的决策树具有更高的精度。

② 降低了过度拟合的可能性。

随机森林是决策树集成的结果：采用单一的机器学习模型（决策树）并混合不同的训练数据和参数对其进行训练，形成一个集成模型。如何实现以不同方式混合训练数据以形成一种组合的集成方法？其中细节部分是目前难以解决的。接下来从一些基础知识开始学习，如果读者已经掌握了这些基础知识，可以略过这部分内容。

首先，讲述采样形式，它可以分为两类：不替换采样（WOR）和替换采样（WR）。

2.2 数据集采样

采样是划分数据集的行为，可以用“渔夫在一个鱼群数量有限的小池塘里钓鱼”作类比。渔夫尝试把鱼进行分类，他有两种方法可以做到这一点：不替换采样和替换采样。

2.2.1 不替换采样（WOR）

假设渔夫有两个水桶，他把从池塘里钓到的鱼扔进两个桶中的任意一个，那么他的数据集就分为两个不同的桶，使用这种方法，不会出现一条鱼同时属于两个桶的情况。

将数据集划分为两个或多个不相交的集合的采样称为不替换采样（图 2.4)。

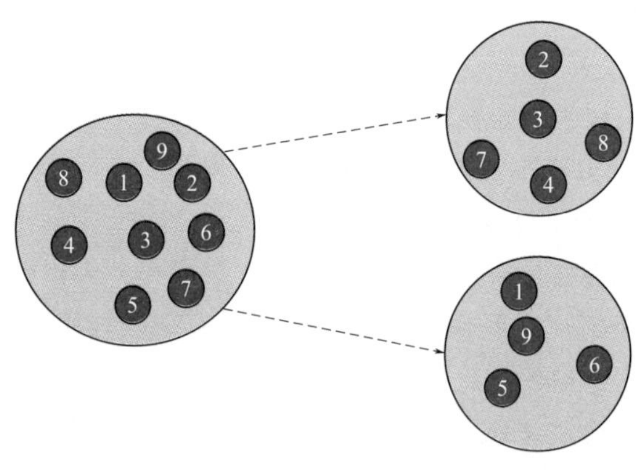

图 2.4　不替换采样（WOR）

程序 2.3 展示了如何在基于 Python 的 scikit-learn 库中获取样本而不进行替换。

程序2.3　在scikit-learn库中进行不替换采样

```
    from sklearn.utils import resample
    import numpy as np
    # Random seed fixed so result could be replicated by
Reader
    np.random.seed(123)
    #data to be sampled
    data = [1, 2, 3, 4, 5, 6, 7, 8, 9]
    # Number of divisions needed
    num_divisions = 2
    list_of_data_divisions = []
    for x in range(0, num_divisions):
        sample = resample(data, replace=False, n_samples=5)
        list_of_data_divisions.append(sample)
    print('Samples', list_of_data_divisions)
    # Output: Samples [[8, 1, 6, 7, 4], [4, 6, 5, 3, 8]]
```

2.2.2　替换采样（WR）

再次使用渔夫钓鱼的类比。这一次，渔夫有两本记事簿，他每捕获一条鱼时，就用一个数字来标记它，并把这个数字记录在记事簿中。相较于不替换采样，这里有一个变化，就是当他捕捉到鱼并在记事簿中记下数字后，会把鱼扔回池塘，并继续捕鱼。如果一条鱼已经分配了一个号码，他会在两本记事簿中输入相同的号码。渔夫重复这个过程，直到池塘里所有的鱼都有一个编号，在这个过程中，可能会发生一条鱼出现在两个记事簿中的情况（图 2.5）。这种将数据集分成两组，但不需要分离的采样过程称为替换采样。程序 2.4 是使用 scikit-learn 库实现的替换采样的演示代码。

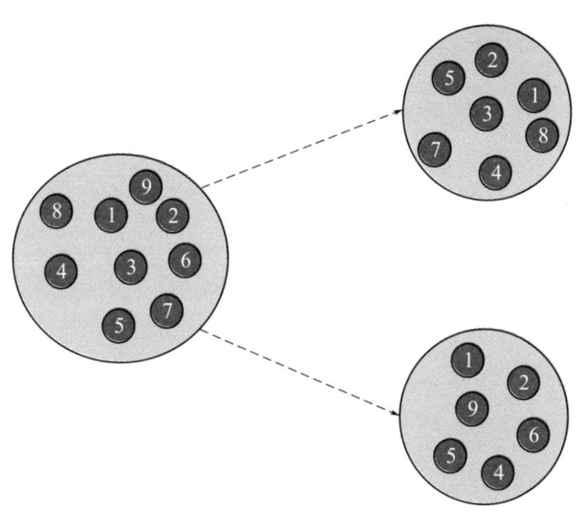

图 2.5　替换采样 (WR)

程序2.4　在scikit-learn库中进行替换采样

```
from sklearn.utils import resample
import numpy as np
# Random seed fixed so result could be replicated by
Reader
np.random.seed(123)
# data to be sampled
data = [1, 2, 3, 4, 5, 6, 7, 8, 9]
# Number of divisions needed
num_divisions = 3
```

```
list_of_data_divisions = []

for x in range(0, num_divisions):
    sample = resample(data, replace=True, n_samples=4)
    list_of_data_divisions.append(sample)

print("Samples", list_of_data_divisions)
# Output: Samples [[3,3,7,2],[4,7,2,1],[2,1,1,4]]
```

2.3 Bagging（装袋算法）

通过上述例子，已经熟悉了替换和不替换方法对数据集进行采样，本节将介绍最重要的集成技术: Bagging。Bagging 是 Bootstrap Aggregrating（引导聚合）的一种简短形式，是一种集成技术，可以将一个数据集分成 *n* 个替换采样样本，然后将 *n* 个分离出来的样本分别训练成 *n* 个独立的机器学习模型，最后通过投票将所有独立模型的输出合并为一个输出（图 2.6）。

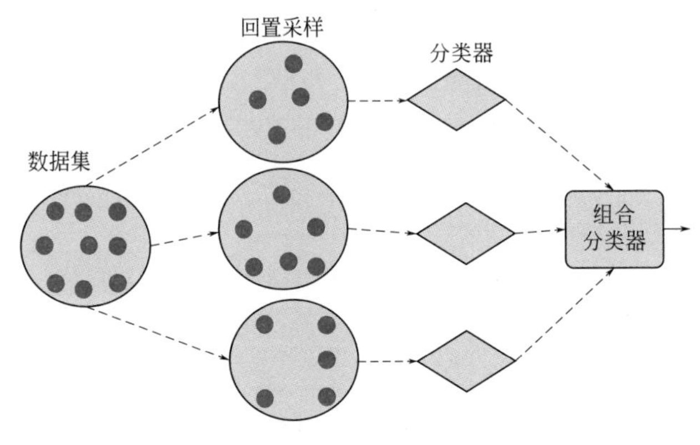

图 2.6　替换采样 Bagging

确保 Bagging 的每个分类器获得随机的样本，也确保了多元化的训练模型，这些多元化的模型拥有高于单一模型的性能。

Bagging 包括三个步骤：引导、训练与聚合。

首先，引导这一步骤将一个数据集划分为 n 个样本，每个样本是总训练数据的子集，这些样本均使用替换采样技术进行采样。上述提到，替换采样确保了抽样是真正随机，一个样本的构成不依赖于其他样本。接下来是训练步骤，此步骤分别将这些样本训练成单独模型，该步骤确保在每个样本上训练出大量相对较弱的机器学习模型。第三步是聚合，该步骤使用投票方法（将在第 3 章中详细介绍）合并所有弱分类器的结果。

程序 2.5 是使用了 Bagging 的三个步骤的代码示例。

程序2.5　Bagging的基本体

```
from sklearn.utils import resample
from sklearn import tree
from sklearn.model_selection import train_test_split
from sklearn.datasets import make_classification
import numpy as np
from sklearn.metrics import accuracy_score

# data to be sampled
n_samples = 100
X,y = make_classification(n_samples=n_samples, n_
features=4,n_informative=2, n_redundant=0, random_
state=0, shuffle=False)

#divide data into train and test set
X_train, X_test, y_train, y_test = train_test_
```

```
split(X, y,test_size = 0.1, random_state = 123)
    # Number of divisions needed
    num_divisions = 3
    list_of_data_divisions = []
    # Divide data into divisions
    for x in range(0, num_divisions):
        X_train_sample, y_train_sample = resample(X_
train, y_train,replace=True, n_samples=7)
    sample = [X_train_sample, y_train_sample]
    list_of_data_divisions.append(sample)
    #print(list_of_data_divisions)
    # Learn a Classifier for each data divisions
    learners = []
    for data_division in list_of_data_divisions:
       data_x = data_division[0]
       data_y = data_division[1]
       decision_tree = tree.DecisionTreeClassifier()
       decision_tree.fit(data_x, data_y)
       learners.append(decision_tree)
    # Combine output of all classifiers using voting
    predictions = []
    for i in range(len(y_test)):
       counts = [0 for _ in range(num_divisions)]
       for j , learner in enumerate(learners):
           prediction = learner.predict([X_test[i]])
               if prediction == 1:
                   counts[j] = counts[j] + 1
       final_predictions = np.argmax(counts)
       predictions.append(final_predictions)
```

```
accuracy = accuracy_score(y_test, predictions)
print("Accuracy:", accuracy)
# Output: Accuracy: 0.9
```

可以直接从 scikit-learn 库调用 Bagging 分类器。程序 2.6 是 Bagging 分类器在 scikit-learn 库中实现的代码示例。

程序2.6　Bagging在scikit-learn库中的实现

```
from sklearn.svm import SVC
from sklearn.ensemble import BaggingClassifier
from sklearn.model_selection import train_test_split
from sklearn.datasets import make_classification
X, y = make_classification(n_samples=100, n_features=4,
                    n_informative=2, n_redundant=0,
                    random_state=0, shuffle=False)
#divide data into train and test set
X_train, X_test, y_train, y_test = train_test_
split(X, y, test_size = 0.2, random_state = 123)
clf = BaggingClassifier(base_estimator=SVC(),n_
estimators=10, random_state=0).fit(X_train, y_train)
print(clf.score(X_test, y_test))
# Output: 0.9
```

2.3.1　*k*重交叉验证

进一步探讨基于重采样的机器学习技术。交叉验证已是最流行的技术之一，特别是 *k* 重交叉验证。机器学习研究人员经常遇到这样的情况，在训练数据集、测试数据集中获得了很好的准确性，但在实际情况中或在另一个隐藏的测试数据集上应用同一个模型时，会出现精度不理想而导致训练失败的情况。

对于在Kaggle网站上进行机器学习竞赛的人而言，他们尤其容易陷入困境，其中一个主要原因是所提供的验证集不包含在实际情况中可能出现的所有不同的分布。对此有一个有效的解决方案，是在训练和验证数据集的划分中应用抽样技术，这种方法称为交叉验证。

当前较流行的交叉验证技术之一是k重交叉验证（图2.7）。在这种方法中，可通过使用不替换采样反复地划分验证和训练数据集。k表示应用于数据集的分段数。当k=10时，将数据集分成10个不同的部分，数据集的9/10用于训练，1/10用于测试数据集的准确性。但数据集的划分并不止于此，此过程重复了10次，其中每个测试和训练的划分组都被改变，并且总的精确度也被重新计算，模型的最终精度是通过每次划分数据集后的精度的平均值计算来的。

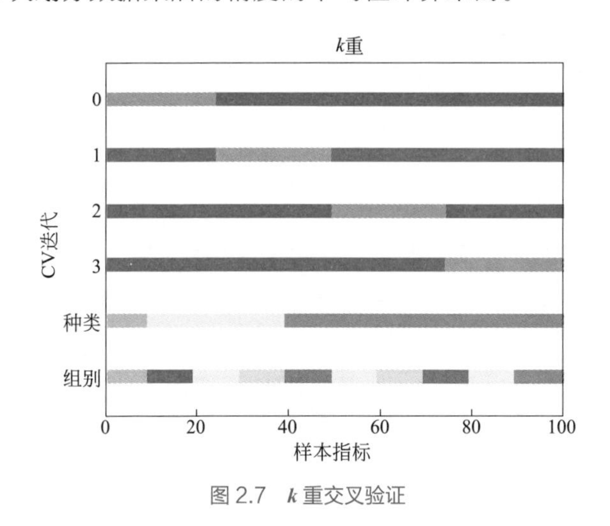

图2.7　k重交叉验证

程序 2.7 是使用 scikit-learn 库应用此技术的代码示例。

程序2.7　k重交叉验证

```
    import numpy as np
    from sklearn.model_selection import KFold
    X = np.array([[1, 2], [3, 4], [1, 2], [3, 4]])
    y = np.array([1, 2, 3, 4])
    kf = KFold(n_splits=2)
    kf.get_n_splits(X)
    print(kf)
# Output:
# KFold(n_splits=2, random_state=None, shuffle=False)
for train_index, test_index in kf.split(X):
    print("TRAIN:", train_index, "TEST:", test_index)
    X_train, X_test = X[train_index], X[test_index]
    y_train, y_test = y[train_index], y[test_index]
# Output:
# TRAIN: [2 3] TEST: [0 1]
# TRAIN: [0 1] TEST: [2 3]
```

2.3.2　分层的k重交叉验证

分层的 k 重交叉验证是 k 重交叉验证的另一种变形。与 k 重交叉验证一样，将数据集划分为不同的样本集，并对集合进行 k 次轮换测试和训练，即也进行条件一致的交叉验证。在最初的抽样中有一个不同之处，在分层的 k 重交叉验证技术中，需要确保初始 k 个样本的每一个划分样本的分布都与整个数据集的分布相似。

图 2.8 展示了 100 个随机生成的输入数据点。从图中看出三类数据点不均匀划分，10 个“组”的数据点均匀划分。换句话说，假设在整个数据集中有三个种类：种类 A、种类 B 和种类 C，每个种类的样本比例分别为 30%、50% 和 20%。在分层的 k 重交叉验证技术中，如果将此数据集划分为 k=5，那么必须确保五重中的每一重都分别具有与整个数据集分布相似的 30%、50% 和 20% 的 A 类、B 类和 C 类样本。

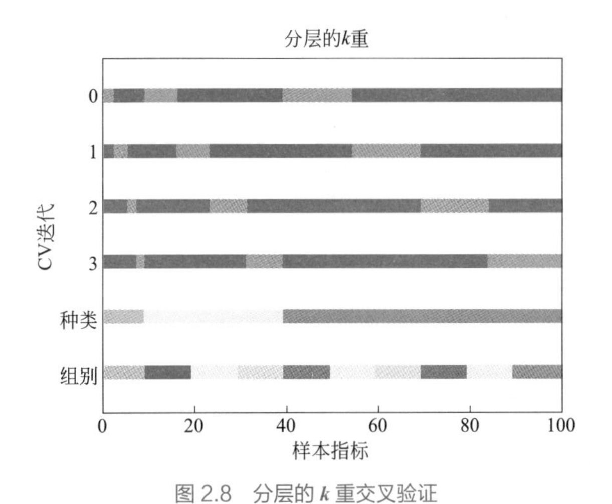

图 2.8　分层的 k 重交叉验证

程序 2.8 是使用 scikit-learn 库并应用分层的 k 重交叉验证技术的 Python 代码示例。

程序2.8　分层的k重交叉验证

```
import numpy as np
from sklearn.model_selection import StratifiedKFold

X = np.array([[1, 2], [3, 4], [1, 2], [3, 4]])
```

```
    y = np.array([0, 0, 1, 1])
    skf = StratifiedKFold(n_splits=2)
    skf.get_n_splits(X, y)
print(skf)
# Output:
# StratifiedKFold(n_splits=2, random_state=None,
shuffle=False)
for train_index, test_index in skf.split(X, y):
    print("TRAIN:", train_index, "TEST:", test_index)
    X_train, X_test = X[train_index], X[test_index]
    y_train, y_test = y[train_index], y[test_index]
# Output:
# TRAIN: [1 3] TEST: [0 2]
# TRAIN: [0 2] TEST: [1 3]
```

2.4 本章小结

回顾本章介绍到的内容:

① 结合混合数据建立性能集成模型。

② 决策树和随机森林的代码示例。

③ 采样的两种主要形式：不替换采样和替换采样。

④ Bagging 技术，使用替换采样。

⑤ k 重交叉验证和分层 k 重交叉验证的交叉验证技术。

⑥ 使用 scikit-learn 库应用此类技术的代码示例。

第3章
混合模型

在第 2 章中，学习了如何划分和混合不同训练数据并构建混合模型的方法，其性能优于在未分类数据集上训练的混合模型。在本章中，将学习不同的集成方法和不同于混合训练数据的方法。混合模型方法使用不同机器学习模型中相同的数据集，以不同的方式组合结果，得到更好的模型。

本章主要内容如下所示。

① 基于集成的混合模型介绍与解释。

② 投票集成的介绍。

③ 软投票和硬投票集成的介绍与解释（附代码示例）。

④ 了解超参数调试集成。

⑤ 检查使用随机森林进行超参数调试的示例实现。

⑥ 了解水平投票集成。

⑦ 检查横向投票的示例实现，使用 scikit-learn 和 Keras 在 CIFAR 数据集上集成。

⑧ 介绍使用循环学习率的快照集成技术。

3.1 投票集成

在本章中，训练的数据集不是依赖单个模型将各种机器学习模型放在一起的（图 3.1），而是通过使用不同的技术将这些模型的结果结合起来。首先，将学习以投票和平均的形式组合不同训练模型输出的方法；接下来学习超参数调试集成，将学习如何在训练过的相同模型中使用不同的超参数设置，然后将结果组合后获得更好的模型；最后，将介绍相对新颖的水平投票集成和快照集成技术。目前该技术正在机器学习社区中逐渐发展成为主流。

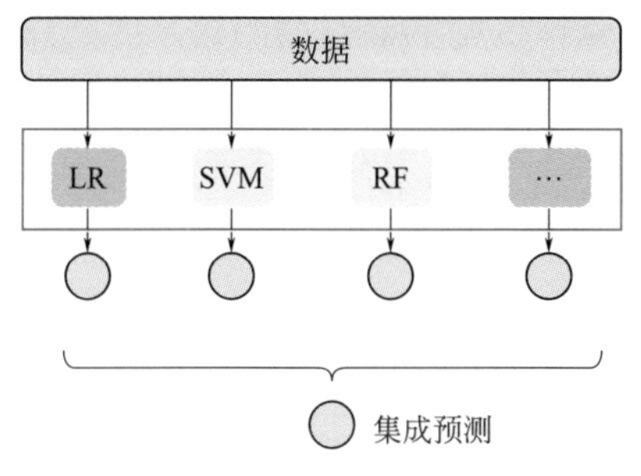

图 3.1　组合 / 混合不同的模型

3.2　硬投票

当前最流行的集成学习技术之一是投票集成。投票集成可以训练不同的机器学习模型。如图 3.1 所示，图中训练了相同数据的三种不同机器学习模型——逻辑回归（LR）、支持向量机（SVM）和随机森林（RF），将这三类输出模型组合得到集成预测。首先需要知道的是开发者是如何从实际结合这些模型结果的？最初是从一个古老的、经过考验的技术中获得灵感：投票。正如投票是为了选举领导，由不同群体的多数人投票选出结果，现在使用不同的机器学习模型进行选举。如果是分类问题，每个机器学习模型都会投票给一个特定的类别。在多数投票中，获得最多选票的分类是首选分类。从大数据分析中，结果分类通常比任何一个单一模型具有更高的准确度。

程序 3.1 中的数据集使用 scikit-learn Python 库对三个机器学习模型进行训练：k- 近邻算法（KNN）、随机森林和逻辑回归。然后在 scikit-learn 库中使用投票分类器集成输出。如果测量每个单独模型，以及测试数据集上的组合模型的最终精度，则会获得良好的准确度的提升。建议将代码作为练习运行，并检查其单个模型和组合模型的准确性。

可以使用的一个主要辅助函数是来自 scikit-learn 库的 sklearn.ensemble 数据包 Voting 分类器。

程序3.1　最大投票集成

```
    from sklearn.model_selection import train_test_split
    from sklearn.model_selection import GridSearchCV
    from sklearn.datasets import load_breast_cancer
    import numpy as np

    X, y = load_breast_cancer(return_X_y=True)
    X_train, X_test, y_train, y_test = train_test_split(X, y,
test_size=0.3, stratify=y, random_state=123)
    ### k-Nearest Neighbors (k-NN)
    from sklearn.neighbors import KNeighborsClassifier

    knn = KNeighborsClassifier()
    params_knn = {'n_neighbors': np.arange(1, 25)}
    knn_gs = GridSearchCV(knn, params_knn, cv=5)
    knn_gs.fit(X_train, y_train)
    knn_best = knn_gs.best_estimator_

    ### Random Forest Classifier
    from sklearn.ensemble import RandomForestClassifier

    rf = RandomForestClassifier(random_state=0)
    params_rf = {'n_estimators': [50, 100, 200]}
    rf_gs = GridSearchCV(rf, params_rf, cv=5)
    rf_gs.fit(X_train, y_train)
    rf_best = rf_gs.best_estimator_

    ### Logistic Regression
```

```
from sklearn.linear_model import LogisticRegression

log_reg = LogisticRegression(random_state=123,
solver='liblinear', penalty='l2', max_iter=5000)
C = np.logspace(1, 4, 10)
params_lr = dict(C=C)

lr_gs = GridSearchCV(log_reg, params_lr, cv=5, verbose=0)
lr_gs.fit(X_train, y_train)
lr_best = lr_gs.best_estimator_

# combine all three Voting Ensembles
from sklearn.ensemble import VotingClassifier

estimators=[('knn', knn_best), ('rf', rf_best), ('log_
reg',lr_best)]
ensemble = VotingClassifier(estimators,
voting='soft')
ensemble.fit(X_train, y_train)
print("knn_gs.score: ", knn_best.score(X_test, y_test))
# Output: knn_gs.score: 0.9239766081871345
print("rf_gs.score: ", rf_best.score(X_test, y_test))
# Output: rf_gs.score: 0.9766081871345029
print("log_reg.score: ", lr_best.score(X_test, y_test))
# Output: log_reg.score: 0.9590643274853801
print("ensemble.score: ", ensemble.score(X_test, y_test))
# Output: ensemble.score: 0.9649122807017544
```

3.3 均值法/软投票

均值法是另一种组合不同分类器输出的方法，硬投票和均值法之间的主要区别在于，在均值法中，将分别从模型中获取每个类别的预测概率，然后通过这些预测概率的平均值来组合结果预测概率，这种组合方式称为软投票。

在程序 3.2 中，训练不同模型的初始步骤是相同的，但不使用投票分类器，而是在测试数据集上对模型进行改进，提取每个类别的预测概率，然后提取所有概率的平均值作为测试数据集上的结果类概率。

需要注意，在计算平均输出时为所有模型分配了相同的权重。如果认为某个特定模型比其他模型重要，可以增加该特定模型权重并减少所有其他模型的权重。这种方法称为加权平均法。

程序3.2　均值法

```
    from sklearn.model_selection import train_test_split
    from sklearn.model_selection import GridSearchCV
    from sklearn.datasets import load_breast_cancer
    import numpy as np

    X, y = load_breast_cancer(return_X_y=True)
    X_train, X_test, y_train, y_test = train_test_
split(X, y,test_size=0.3, stratify=y, random_state=0)
    ### k-Nearest Neighbors (k-NN)
    from sklearn.neighbors import KNeighborsClassifier

    knn = KNeighborsClassifier()
    params_knn = {'n_neighbors': np.arange(1, 25)}
    knn_gs = GridSearchCV(knn, params_knn, cv=5)
    knn_gs.fit(X_train, y_train)
    knn_best = knn_gs.best_estimator_
    knn_gs_predictions = knn_gs.predict(X_test)
```

```
### Random Forest Classifier
from sklearn.ensemble import RandomForestClassifier

rf = RandomForestClassifier(random_state=0)
params_rf = {'n_estimators': [50, 100, 200]}
rf_gs = GridSearchCV(rf, params_rf, cv=5)
rf_gs.fit(X_train, y_train)
rf_best = rf_gs.best_estimator_
rf_gs_predictions = rf_gs.predict(X_test)

### Logistic Regression
from sklearn.linear_model import LogisticRegression

log_reg = LogisticRegression(random_state=123,
solver='liblinear', penalty='l2', max_iter=5000)
C = np.logspace(1, 4, 10)
params_lr = dict(C=C)
lr_gs = GridSearchCV(log_reg, params_lr, cv=5, verbose=0)
lr_gs.fit(X_train, y_train)
lr_best = lr_gs.best_estimator_
log_reg_predictions = lr_gs.predict(X_test)

# combine all three by averaging the Ensembles results
average_prediction = (log_reg_predictions + knn_gs_
predictions + rf_gs_predictions)/3.0
# Alternatively combine all through using VotingClassifier
with
voting='soft' parameter
# combine all three Voting Ensembles
from sklearn.ensemble import VotingClassifier

estimators=[('knn', knn_best), ('rf', rf_best),
('log_reg', lr_best)]
```

```
    ensemble = VotingClassifier(estimators,
voting='soft')
    ensemble.fit(X_train, y_train)
    print("knn_gs.score: ", knn_gs.score(X_test, y_
test))
    # Output: knn_gs.score: 0.9239766081871345
    print("rf_gs.score: ", rf_gs.score(X_test, y_test))
    # Output: rf_gs.score: 0.9532163742690059
    print("log_reg.score: ", lr_gs.score(X_test, y_
test))
    # Output: log_reg.score: 0.9415204678362573
    print("ensemble.score: ", ensemble.score(X_test, y_
test))
    # Output: ensemble.score: 0.9473684210526315
```

除了手动计算预测概率，如果想要使用均值法的直接结果，可以再次使用 sklearn.ensemble 工具包的 VotingClassifier 分类器，但不要将参数设置成 voting='hard'，而是设置成 voting='soft'。

3.4 超参数调试集成

到目前为止，已经介绍了两类训练不同机器学习模型的例子，并组合了它们的输出。超参数调试集成是另一种获得整体输出的方法，与依赖不同模型而集成模型的方法不同，此方法需要使用较好的机器学习模型，并且使用不同的超参数设置来训练模型。

图 3.2 模型中使用了相同的机器学习模型——随机森林，

但是是用不同的超参数设置得到了三个不一样的模型。在随机森林算法中，最重要的超参数是树的数量，称为 scikit-learn API 中的 n_estimators，训练三个不同随机森林不同数量的树（分别为 10、50 和 100）。同样，三个实例中训练该模型的每一个训练数据的周期数和时间步不同，这些实例的输出是结合使用之前的技术（例如投票或均值法）得到的一个集成输出。

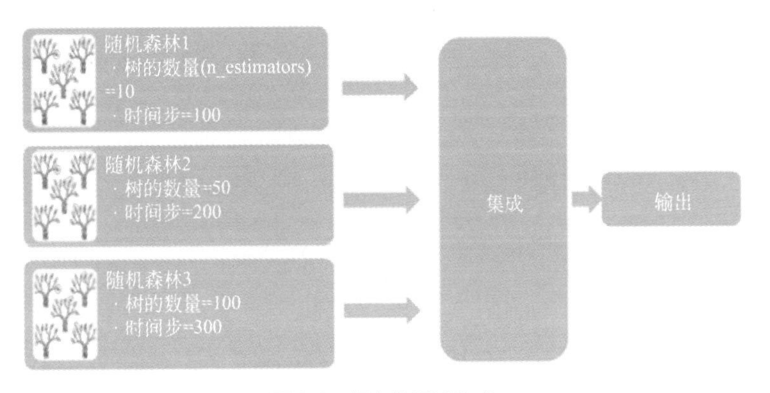

图 3.2　超参数调试集成

程序 3.3 使用投票方法训练三个不同参数（即树或 m_estimators 的数量）的随机森林得到结合结果。

程序3.3　超参数调试集成

```
    from sklearn.model_selection import train_test_split
    from sklearn.model_selection import GridSearchCV
    from sklearn.datasets import load_breast_cancer
    import numpy as np
    X, y = load_breast_cancer(return_X_y=True)
    X_train, X_test, y_train, y_test = train_test_split(X,
y,test_size=0.3, stratify=y, random_state=0)
```

```
### Random Forest Classifier
from sklearn.ensemble import RandomForestClassifier
rf_1 = RandomForestClassifier(random_state=0, n_estimators=10)
rf_1.fit(X_train, y_train)
rf_2 = RandomForestClassifier(random_state=0, n_estimators=50)
rf_2.fit(X_train, y_train)
rf_3 = RandomForestClassifier(random_state=0, n_estimators=100)
rf_3.fit(X_train, y_train)

# combine all three Voting Ensembles
from sklearn.ensemble import VotingClassifier

estimators=[('rf_1',rf_1),('rf_2',rf_2),('rf_3', rf_3)]
ensemble = VotingClassifier(estimators, voting='hard')
ensemble.fit(X_train, y_train)
print("rf_1.score: ", rf_1.score(X_test, y_test))
# Output: rf_1.score: 0.935672514619883
print("rf_2.score: ", rf_2.score(X_test, y_test))
# Output: rf_1.score: 0.9473684210526315
print("rf_3.score: ", rf_3.score(X_test, y_test))
# Output: rf_3.score: 0.9532163742690059
print("ensemble.score: ", ensemble.score(X_test, y_test))
# Output: ensemble.score: 0.9415204678362573
```

3.5 水平投票集成

之前的混合模型示例——投票、均值法和超参数调试在经典机器学习中非常有效，但有时会遇到训练数据量、训练数据时间和模型尺寸都非常大的情况，以及训练需要太多的计算时间的情况（尤其是在深度学习中）。在这些情况下，实际上并不可以在短时间内训练多组模型。例如，如果在 ImageNet 这样的数据集上训练，深度学习模型可能需要在功能强大的 GPU 机器上进行两三天的收敛，在这种情况下，用不同的超参数训练多个模型和同一模型的多个实例通常是不切实际的，且成本过高。此时，可以尝试水平投票的技术。

当长时间运行机器学习作业时，可能会遇上一个难题：经过一定次数的训练后，模型精度不再提高。在这种情况下，很难为模型选择准确的时间步。在水平投票集成中（图 3.3），在最少次数的时间步后保存模型（例中，时间步 =300），可以使用投票技术重新组合生成的模型，从而提高精度。

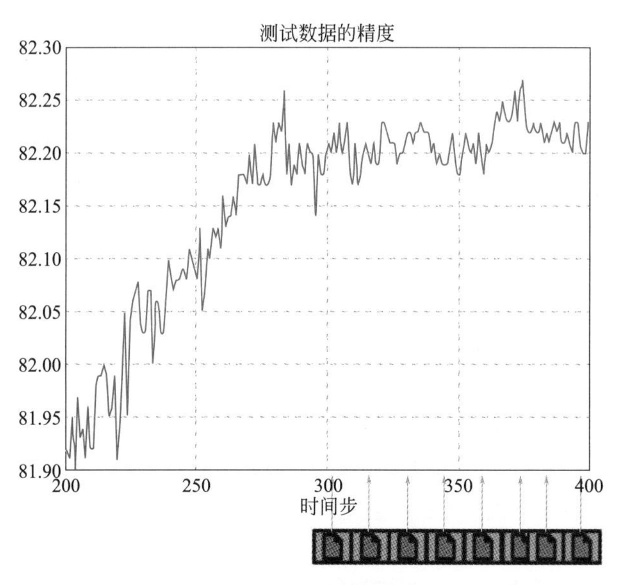

图 3.3　水平投票集成

如程序 3.4 所示，在其中使用 keras、tensorflow 和 scikit-learn 库的投票集成，实现了水平投票。

程序3.4 水平投票集成

```
#!pip install q keras==2.3.1 tensorflow==1.15.2
import keras
from keras.datasets import cifar10
from keras.preprocessing.image import ImageDataGenerator
from keras.models import Sequential
from keras.models import load_model
from keras.layers import Dense, Dropout, Activation,
Flatten
from keras.layers import Conv2D, MaxPooling2D

import os
import numpy
from numpy import array
from numpy import argmax
from numpy import mean
from numpy import std
from sklearn.metrics import accuracy_score
from keras.utils import to_categorical

def make_dir(directory):
    if not os.path.exists(directory):
        os.makedirs(directory)

# load models from file
def load_all_models(n_start, n_end):
    all_models = list()
    for epoch in range(n_start, n_end):
        # define filename for this ensemble
```

```
        filename = "models/model_" + str(epoch) + ".h5"
        # load model from file
        model = load_model(filename)
        # add to list of members
        all_models.append(model)
        print(">loaded %s" % filename)
    return all_models

# make an ensemble prediction for multi-class classification
def ensemble_predictions(members, testX):
    # make predictions
    yhats = [model.predict(testX) for model in members]
    yhats = array(yhats)
    # sum across ensemble members
    summed = numpy.sum(yhats, axis=0)
    # argmax across classes
    result = argmax(summed, axis=1)
    return result

# evaluate a specific number of members in an ensemble
def evaluate_n_members(members, n_members, testX, testy):
    # select a subset of members
    subset = members[:n_members]
    # make prediction
    yhat = ensemble_predictions(subset, testX)
    # calculate accuracy
    return accuracy_score(testy, yhat)

make_dir("models")
batch_size = 32
num_classes = 10
epochs = 100
num_predictions = 20
```

```
    model_name = "keras_cifar10_trained_model.h5"
    # The data, split between train and test sets:
    (x_train, y_train), (x_test, y_test) = cifar10.load_data()
    print("x_train shape:", x_train.shape)
    print(x_train.shape[0], "train samples")
    print(x_test.shape[0], "test samples")
    # Convert class vectors to binary class matrices.
    y_train = keras.utils.to_categorical(y_train, num_classes)
    y_test = keras.utils.to_categorical(y_test, num_classes)
    model = Sequential()
    model.add(Conv2D(32, (3, 3), padding="same", input_
shape=x_train.shape[1:]))
    model.add(Activation("relu"))
    model.add(Conv2D(32, (3, 3)))
    model.add(Activation("relu"))
    model.add(MaxPooling2D(pool_size=(2, 2)))
    model.add(Dropout(0.25))
    model.add(Conv2D(64, (3, 3), padding="same"))
    model.add(Activation("relu"))
    model.add(Conv2D(64, (3, 3)))
    model.add(Activation("relu"))
    model.add(MaxPooling2D(pool_size=(2, 2)))
    model.add(Dropout(0.25))
    model.add(Flatten())
    model.add(Dense(512))
    model.add(Activation("relu"))
    model.add(Dropout(0.5))
    model.add(Dense(num_classes))
    model.add(Activation("softmax"))
    # initiate RMSprop optimizer
```

```
    opt = keras.optimizers.RMSprop(learning_rate=0.0001,
decay=1e-6)
    # Let's train the model using RMSprop
    model.compile(loss="categorical_crossentropy",
optimizer=opt,metrics=["accuracy"])
    x_train = x_train.astype("float32")
    x_test = x_test.astype("float32")
    x_train /= 255
    x_test /= 255
    # fit model
    n_epochs, n_save_after = 15, 10
    for i in range(n_epochs):
        # fit model for a single epoch
        print("Epoch: ", i)
        model.fit(
            x_train,
            y_train,
            batch_size=batch_size,
            epochs=1,
            validation_data=(x_test, y_test),
            shuffle=True,
        )
        # check if we should save the model
        if i >= n_save_after:
            model.save("models/model_" + str(i) + ".h5")

    # load models in order
    members = load_all_models(5, 10)
    print("Loaded %d models" % len(members))
    # reverse loaded models so we build the ensemble
```

```
with the last models first
    members = list(reversed(members))
    # evaluate different numbers of ensembles on hold out set
    single_scores, ensemble_scores = list(), list()
    for i in range(1, len(members) + 1):
        # evaluate model with i members
        y_test_rounded = numpy.argmax(y_test, axis=1)
        ensemble_score = evaluate_n_members(members, i, x_test,
        y_test_rounded)
        # evaluate the i'th model standalone
        _, single_score = members[i - 1].evaluate(x_test, y_test,
        verbose=0)
        # print accuracy of single model vs ensemble output
        print("%d: single=%.3f, ensemble=%.3f" % (i, single_
        score,ensemble_score))
        ensemble_scores.append(ensemble_score)
        single_scores.append(single_score)
    # Output:
    # 1: single=0.731, ensemble=0.731
    # 2: single=0.710, ensemble=0.728
    # 3: single=0.712, ensemble=0.725
    # 4: single=0.710, ensemble=0.727
    # 5: single=0.696, ensemble=0.724
```

3.6 快照集成

快照集成是水平投票集成的扩展。该方法不用在最小阈值之后保存模型，而是可以修改模型本身的学习速率。如果对深度学习模型有所了解或开展过类似的研究，可能对这个现象有所了解。在训练机器学习模型时，通常开始需要设置较高的学习速率，然后慢慢降低学习速率。

在图 3.4 中，试图改变正在训练时期的学习速率。由于训练精度可以无限变小，因此这种方法会留下很多优化问题。局部最小值问题的主要解决方案之一是循环学习，在循环中可以增加和减小学习速率。

图 3.4 显示了每 400 个时间步后，改变学习速率回到最大值，然后学习速率开始降低。

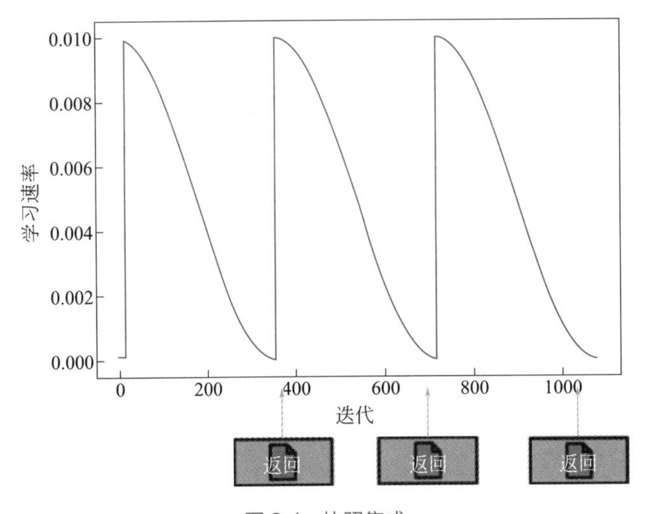

图 3.4　快照集成

如果想了解有关快照集成的更多信息，请参阅康奈尔大学于 2017 年的学士论文，网址：https://arxiv.org/abs/1704.00109。如这篇论文所示，在标准 SGD 优化器中有一个损失与学习速率的关系图，它包括一个简单的学习速率参数表和一个循环学习速率参数表。当达到某个最小值时，只需保存模型状态并以在该点获得其权重和偏差值的形式提高学习速率（即采取更大的时间步）。可以考虑将更大的时间步放在这个图中某些不同位置的跳跃点上，并开始寻找下一个最小值，最后得到一组错误率低的模型。

就像水平投票集成一样，它集成了每个局部最小状态的所有模型。与单独使用单个模型相比，这种方法构建了一个非常好的训练模型。

3.7 本章小结

回顾本章内容：

① 涉及混合模型策略的集成学习技术。

② 投票集成及其两种类型：软投票和硬投票。

③ 超参数调试集成，可以在其中组合具有不同超参数的模型。

④ 水平投票集成，在深度学习中发挥作用。

⑤ 快照集成技术。

在第 4 章中，将介绍如何通过混合组合策略来构建集成模型。

第 4 章
混合组合

Ensemble Learning
for AI Developers

在前面的章节中，讨论了如何混合训练数据，以及如何混合机器学习模型来创建更强大的具备集成学习能力的模型。

在本章中，将介绍两种强大的集成学习技术，它们组合了复杂的机器学习模型以构建更强大的模型。

本章主要内容如下所示。

① 介绍 Boosting（提升算法）。
② 研究如何使用 scikit-learn 库实现 Boosting。
③ 介绍 Stacking（堆叠算法）。
④ 研究如何使用 scikit-learn 库实现 Stacking。
⑤ 介绍混合模型的其他示例。

4.1 Boosting（提升算法）

继续用学生学习过程的类比来讨论 Boosting。假设想让一个班的学生在所有课程上都表现出色，但有些学生在单元测试中部分科目表现不佳，通过识别这些学生，并对他们成绩较差的课程给予更多的重视，使他们能够赶上成绩较好的学生。为了给予更多的重视，通过增加额外的课程指导并分配额外的时间来提升学生的薄弱环节，进而扭转这种现状，这样就可以确保学生在所有科目上都有很好的表现。

用同样的方法来解释机器学习。从学习器这一群体开始，每一个机器学习的学习器都在一个具有特定训练目标的小组内进行训练，如果学习器的一个典型代表学习成绩很差，给予它更多的重视，则就是所谓的 Boosting。

首先，讨论一个简单且非常重要的 Boosting 技术——AdaBoost（自适应提升算法）。

4.1.1 AdaBoost（自适应提升算法）

为了更好地理解 AdaBoost，可以参考图 4.1。原始数据是使用模型分类器进行训练的。图 4.1 蓝色框中的数据集为错误分类数据，灰色框表示正确分类的数据。

为了提高模型的性能，不将分类器模型中的所有数据赋予相等的权重，而是增加错误分类数据的权重，然后重新进行训练。由于增加了错误分类数据点观测值的权重，因此在下一次迭代中，模型将给予这些数据点更多的关注，具有更高的正确分类概率。重复这个过程直至 n 次迭代结束。当达到模型期望性能时，这些弱分类学习器的组合将投票（图 4.2）得到最终的模型，这往往优于其他较为复杂的模型。

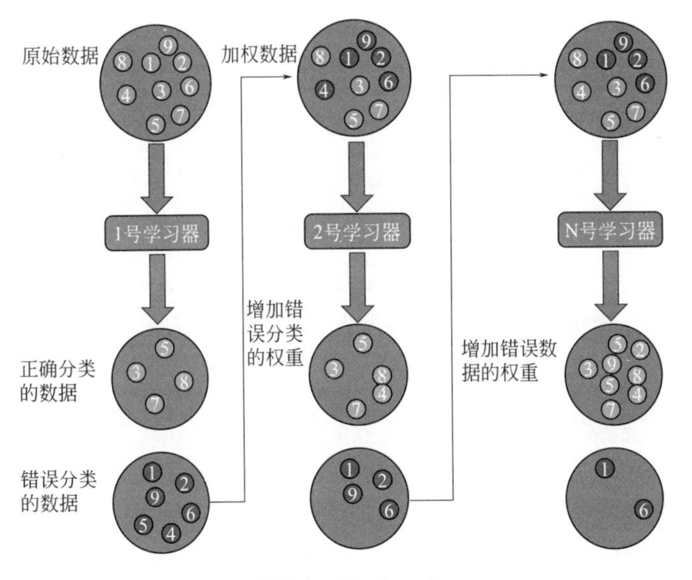

图 4.1 AdaBoost

总之，为了提高效率，可以更新错误分类观测值的权重。小幅增加错误分类观察值的权重有助于在下一次迭代中提高正确分类观察值的数量。通过重复这些迭代，可以利用一个非常弱的分类器得到一个高质量的分类器。即使使用性能较差的机器学习模型，也可以提升输出结果精度。

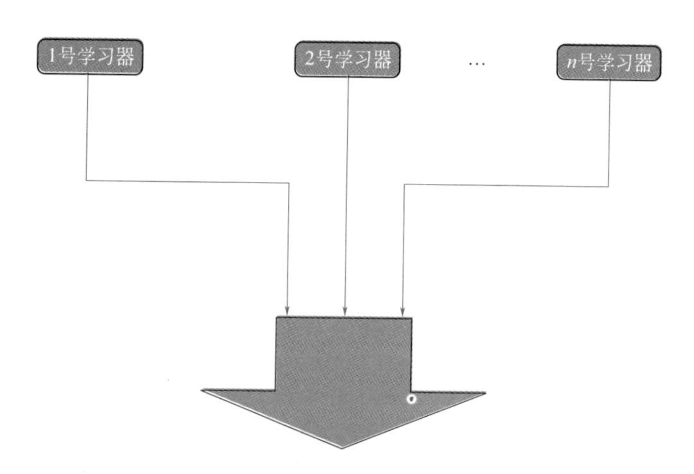

图 4.2　AdaBoost 中 n 个学习器的投票

程序 4.1 展示了如何将 AdaBoost 与 scikit-learn 库一起使用。

默认情况下，scikit-learn 库选取一个基本学习器作为决策树分类器，决策树的最大深度为 1。为了生成 AdaBoost 分类器，传递一个额外的参数 n——估计量（在本例中，n 为 100）。AdaBoost 在基础学习器的每个额外的增强权重副本上运行，直到有一个合适的数据拟合或达到 n 估计量的最大限制。最多创建 100 个基础决策树学习器副本，且每个副本都增加了权重。

程序4.1 使用scikit-learn实现AdaBoost

```
from sklearn.model_selection import cross_val_score
from sklearn.datasets import load_iris
from sklearn.ensemble import AdaBoostClassifier

X, y = load_iris(return_X_y=True)
clf = AdaBoostClassifier(n_estimators=100)
scores = cross_val_score(clf, X, y, cv=5)
print(scores.mean())
# Output: 0.9466...
```

4.1.2 Gradient Boosting（梯度提升算法）

梯度提升算法与一般的提升方法相似，需要不断地增加或提升相对薄弱的学习器。与 AdaBoost 不同的是，AdaBoost 在增加错误分类观察值的权重之后，添加了一个新的学习器，在梯度提升算法后将会训练一个新的模型，且该模型是基于先前预测值所产生的残余误差训练得到的。通过一个例子来检验它的合理性。

首先，尝试理解残余误差的概念。表 4.1 是一个数据集的示例，*X*0 到 *X*3 是特征变量，*Y* 是真实数据或目标值。现在假设在这个数据集上有一个是受过训练的简单决策，其深度很低（学习能力很弱），训练完成后，决策树上的预测显示在表中。每个观测值的输出与机器学习模型的预测输出之间的误差称为残余误差。在表 4.1 中，误差列表示残余误差。

在基于梯度的提升方法中可以学到一个新的分类器，该分类器是将前分类器的残余误差作为新训练模型的新目标（*Y* New），而非特征 *X*0 到 *X*3。

表4.1 残余误差（1）

行号	$X0$	$X1$	$X2$	$X3$	Y（目标值）	预测	误差
0	0.94	0.27	0.80	0.34	1	0.80	0.20
1	0.84	0.79	0.89	0.05	1	0.75	0.25
2	0.83	0.11	0.23	0.42	1	0.65	0.35
3	0.74	0.26	0.03	0.41	0	0.40	−0.40
4	0.08	0.29	0.76	0.37	0	0.55	−0.55
5	0.71	0.76	0.43	0.95	1	0.34	0.66
6	0.08	0.72	0.97	0.04	0	0.02	−0.02

总结目前为止讨论的所有步骤:

① 在训练集上使用决策树回归器。

② 将第二个决策树回归器应用于第一个决策树回归器的残余误差。

③ 将第三个决策树回归器应用于第二个决策树回归器的残余误差。

基于以上的三个决策树，结合三个决策树的预测结果，对新的实例进行预测。该算法的输出如表 4.2 所示。

表4.2 残余误差（2）

行号	$X0$	$X1$	$X2$	$X3$	Y（原始目标值）	原始预测	$YNew$（新目标值）	预测
0	0.94	0.27	0.80	0.34	1	0.80	0.15	0.15
1	0.84	0.79	0.89	0.05	1	0.75	0.20	0.20
2	0.83	0.11	0.23	0.42	1	0.65	0.40	0.40
3	0.74	0.26	0.03	0.41	0	0.40	−0.30	−0.30
4	0.08	0.29	0.76	0.37	0	0.55	−0.20	−0.20
5	0.71	0.76	0.43	0.95	1	0.34	0.24	0.24
6	0.08	0.72	0.97	0.04	0	0.02	−0.01	−0.01

程序 4.2 是在 scikit-learn 库中使用梯度提升的代码示例。默认情况下，scikit-learn 库使用基础学习器作为决策树的分类器，同时决策树的最大深度为 1。

程序4.2　scikit-learn库与梯度提升算法

```
from sklearn.datasets import make_hastie_10_2
from sklearn.ensemble import GradientBoostingClassifier
from sklearn.model_selection import cross_val_score

X, y = make_hastie_10_2(random_state=0)
clf = GradientBoostingClassifier(
    n_estimators=100, learning_rate=1.0, max_depth=1,
random_
   state=0
).fit(X, y)

scores = cross_val_score(clf, X, y, cv=5)
print(scores.mean())
# Output: 0.9225
```

4.1.3　XGBoost（极端梯度提升算法）

XGBoost 是一种较为先进的算法和软件系统，一项专门用于研究极端梯度提升的技术。它通过添加以下方式改进了普通的梯度提升技术（不做参数的详细讨论）:

① 确定了决策树作为较弱学习器的深度，为防止决策树深度过大，增加惩罚参数以防止过拟合并提高性能。

② 使得决策树上节点的比例减小。

③ 使用牛顿决策树推进决策树结构的学习和优化。

④ 添加随机化参数以实现最佳学习。

程序 4.3 是将 XGBoost 与 scikit-learn 库和 XGBoost 库合并使用的代码示例。

提示:

要在 Anaconda Python version3.7 中轻松安装 XGBoost 库，请使用以下命令：conda install-c conda forge XGBoost。

程序4.3 使用scikit-learn库与XGBoost库的Breast Lancer数据集运行XGBoost的示例

```
import xgboost as xgb
from sklearn.datasets import load_breast_cancer
from sklearn.model_selection import train_test_split
from sklearn.metrics import accuracy_score
import numpy as np
# read in data
iris = load_breast_cancer()
X = iris.data
y = iris.target
X_train, X_test, y_train, y_test = train_test_
split(X, y,test_size=0.2, random_state=42)
# use DMatrix for xgbosot
dtrain = xgb.DMatrix(X_train, label=y_train)
dtest = xgb.DMatrix(X_test, label=y_test)
# set xgboost params
param = {
    'max_depth': 5, # the maximum depth of each tree
```

```
    'eta': 0.3, # the training step for each iteration
    'silent': 1, # logging mode - quiet
    'objective': 'multi:softprob', # error evaluation for
                                    multiclass training
    'num_class': 3} # the number of classes that exist in
this datset
num_round = 200 # the number of training
iterations

bst = xgb.train(param, dtrain, num_round)
# make prediction
preds = bst.predict(dtest)
preds_rounded = np.argmax(preds, axis=1)
print(accuracy_score(y_test, preds_rounded))
# Output: 0.9649122807017544
```

4.2 Stacking（堆叠算法）

Stacking是一种略显不同的混合方法。在此集成技术中，首先训练多个模型（基础学习器）来获得预测结果。在堆叠过程中，单个模型的预测结果将被视为下一个训练数据，并以元学习器的形式添加（图4.3）。

可以将此技术视为将一层机器学习的学习器堆叠在另一层机器学习器之上。假设一个人在一个电视游戏节目中必须回答一个历史问题，他向他的两个朋友求助，一个是历史专业的，另一个是计算机科学专业的，那么他会更相信谁有正确的答案？正常情况下是更相信历史专业朋友的答案（从技术角度上讲，给予同领域的学习器更高的重视）。

Stacking 是基于相同的构思：训练一个模型来执行聚合，而不是使用琐碎的函数（如硬投票）来聚合所有学习器的预测，通过一个例子理解。

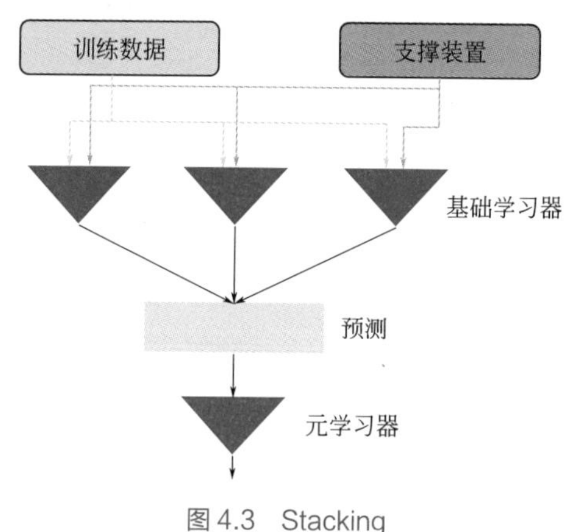

图 4.3　Stacking

程序 4.4 是在 scikit-learn 库中使用 Stacking 的代码示例。另外，如果要将 Stacking 应用于任何回归问题，可以参考程序 4.5。

程序4.4　使用scikit-learn库实现的Stacking分类器

```
from sklearn.datasets import load_iris
from sklearn.ensemble import RandomForestClassifier
from sklearn.svm import LinearSVC
from sklearn.linear_model import LogisticRegression
from sklearn.preprocessing import StandardScaler
from sklearn.pipeline import make_pipeline
from sklearn.ensemble import StackingClassifier

X, y = load_iris(return_X_y=True)
```

```
estimators = [
    ("rf", RandomForestClassifier(n_estimators=10, random_
    state=42)),
    ("svr", make_pipeline(StandardScaler(),
LinearSVC(random_state=42))),
]
clf = StackingClassifier(estimators=estimators, final_
estimator=LogisticRegression())

from sklearn.model_selection import train_test_split

X_train, X_test, y_train, y_test = train_test_
split(X, y,stratify=y, random_state=42)
clf.fit(X_train, y_train).score(X_test, y_test)
# Output: 0.9...
```

程序4.5 使用scikit-learn库实现的Stacking回归器

```
from sklearn.datasets import load_diabetes
from sklearn.linear_model import RidgeCV
from sklearn.svm import LinearSVR
from sklearn.ensemble import RandomForestRegressor
from sklearn.ensemble import StackingRegressor

X, y = load_diabetes(return_X_y=True)
estimators = [("lr", RidgeCV()), ("svr",
LinearSVR(random_state=42))]
reg = StackingRegressor(
    estimators=estimators,
```

```
    final_estimator=RandomForestRegressor(n_estimators=10,
    random_state=42),
)
from sklearn.model_selection import train_test_split
X_train, X_test, y_train, y_test = train_test_
split(X, y,random_state=42)
reg.fit(X_train, y_train).score(X_test, y_test)
# Output: 0.3...
```

4.3 本章小结

回顾本章介绍的内容:

① 混合聚类。

② 混合技术: Boosting 和 Stacking。

③ Boosting 技术: AdaBoost、梯度提升算法和 XGBoost。

④ Stacking 将一组集成学习器添加到其他学习器之上，形成元学习器。

⑤ 分类与回归问题中的 Stacking 的应用与 scikit-learn 库中的代码示例。

第 5 章
集成学习库

Ensemble Learning
for AI Developers

使用高质量的数据库可以加快初步发展阶段的进程，降低 bug 出现的概率，减少死循环出现的概率，并可以降低长期维护的成本。考虑到机器学习本质是一种实验性的学习，数据库可以达到快速和可持续效果。

本章主要内容如下所示。

① 介绍 ML- 集成学习—— 一种基于 Python 的开放源代码库，包含了 scikit-learn 库的集成分类，用以提供高级 API。

② 通过 Dask 扩展 XGBoost。Dask 是一个灵活的 Python 并行计算库。Dask 和 XGBoost。可以并行训练梯度增强的决策树。

③ 学习如何使用微软公司的 LightGBM 实现 Boosting。

④ 介绍 AdaNet—— 一个基于 TensorFlow 的初级神经网络结构框架，同时也可用于集成模型的学习。

5.1 ML-集成学习

ML- 集成学习，也称为 mlens，是一个开源 Python 库，用于构建与 scikit-learn 兼容的集成估计器，可以通过 pip 进行安装：

```
pip install mlens
```

构建该集成学习的 API 模式与 Keras 数据库非常相似，它提供了一种非常简单和直接的方法，可以构建具有复杂交互的深层集成学习模型。

为什么需要一个单独的数据库来进行集成学习呢？因为

scikit-learn 库不支持直接堆叠，即使可以编译，也必须依靠人进行维护。集成学习提供了一种通用的集成方法，并且具有合理的归档文件，即使不在编写代码时使用也值得探索，API 模式可以帮助用户快速使用不同的集成模型。

通过 mlens 构建一个堆叠的集成模型，前面了解到，Stacking（堆叠）通过元学习器组合了多重分类或回归估计集，基于一个完整训练集对第一层估计器进行训练，再根据第一层估计器的预测输出训练元学习器。

如程序 5.1 所示，首先建立一组数据，使用到 make_moons 数据集。make_moons 是一个简单的小型数据集，可以制作两个半交错的圆。

程序5.1　通过mlens堆叠集成模型

```
    # ---Data setup----
    import numpy as np
    from sklearn.metrics import accuracy_score
    from sklearn.datasets import make_moons
    seed = 42
    X, y = make_moons(n_samples=10000,noise=0.4, random_
state=seed)
    # --- ① Initialize ---
    from mlens.ensemble import SuperLearner
    ensemble = SuperLearner(scorer=accuracy_score,
random_state=seed)
    # --- ② Build the first layer ---
    ensemble.add([RandomForestClassifier(random_
state=seed),SVC(random_state=seed)])
    # --- ③ Attach the final meta learner
    ensemble.add_meta(LogisticRegression())
```

```
# --- Train ---
ensemble.fit(X_train, y_train)
# --- Predict ---
preds = ensemble.predict(X_test)
```

通过观察代码发现集成学习大体上需要三个步骤。

① 初始化作为超级学习器的集成模型。

② 估计函数。添加了两个分类器：随机森林和支持向量机，值得注意的是这两类是并行的。

③ 添加逻辑回归元学习器。

调用拟合方法并预测。如图 5.1 所示。

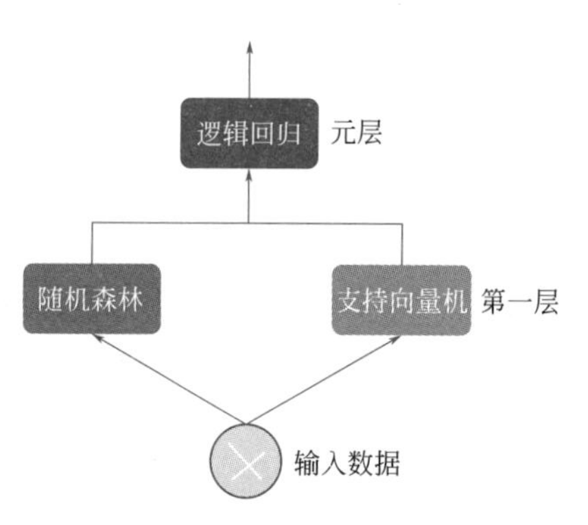

图 5.1　单层堆叠集成算法

建立类似不同堆叠层的神经网络，通过调用数据属性检查估计器性能。

```
print("Fit data:\n%r" % ensemble.data)
Fit data:
              score-m score-s ft-m ft-s pt-m pt-s
layer-1 randomforestclassifier 0.84 0.00 0.06 0.00 0.01 0.00
layer-1 svc                    0.86 0.00 0.14 0.00 0.06 0.00
```

第一列中的“score-m”包含了分数，后缀 -m 表示平均值，-s 表示折叠的标准偏差，ft 和 pt 分别代表拟合时间和预测时间。

注意：

超级学习器初始化期间提供了评分函数，可以在第一层添加两个估计器。

5.1.1 多层集成

添加多层估计器，只需调用 add 函数添加一个新层。需要注意各层之间是按照顺序执行的，每一层中的估计器是可以并行的。图 5.2 是集成算法的直观描述。

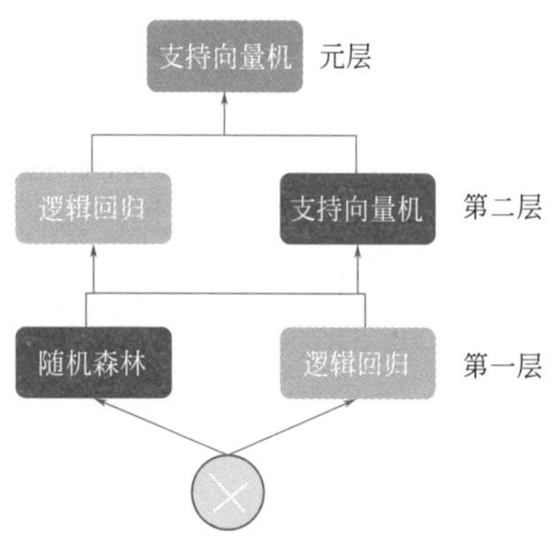

图 5.2 多层堆叠集成算法

```
ensemble = SuperLearner(scorer=accuracy_score, random_
state=seed, verbose=2)

# Build the first layer
ensemble.add([RandomForestClassifier(random_state=
```

```
seed),LogisticRegression(random_state=seed)])
    # Build the 2nd layer
    ensemble.add([LogisticRegression(random_
state=seed),SVC(random_state=seed)])
    # Attach the final meta estimator
    ensemble.add_meta(SVC(random_state=seed))
```

5.1.2 集成模型的选择

为了充分发挥集成算法的学习能力，必须进行超参数调整，将基础学习器的参数作为集成算法的参数。元学习器是集成算法的基础，如果每次要对整个集成算法进行评估，选择合适的元学习器就变得极为关键。

解决这个问题的方法之一是将集成算法的较低层作为预处理的第一步，然后仅对较高层和元学习器执行模型选择。若将预处理步骤作为进行一次计算的缓存结果，则要在拟合之前将“model_selection”参数设置为“True”。此步骤将修改 transform 方法的行为方式，并确保在测试中调用预测模型。

查看用于模型选择的端到端代码之前，需要了解的数据库的工作很少。

（1）评分函数

需要在 mlens...make_scorer 函数中包装评分（Scoring）函数，本质上是从性能指标或损失函数中生成记分器。

```
    from mlens.metrics import make_scorer
    accuracy_scorer = make_scorer(accuracy_score,
greater_is_better=True)
```

实测值参数越大表明准确度越高。此步骤是为了确保所有学习器以相同的方法进行评分。

make_scorer 包装器是 scikit-learn 的 sklearn.metrics.make_scorer() 的副本。sklearn make_scorer 是一个工厂函数，它封装了用于 GridSearchCV 和 cross_val_score 的评分函数。它采用一个评分函数，如 accuracy_score、mean_squared_error、adjusted_rand_index 或 average_precision，并返回一个可调用函数，对估计器的输出进行评分。为了避免在此处出现报错，需找到合适的元学习器。这样就知道了评分规则保持一致的规律，接着就可以讨论数据库是如何管理数据处理通道的。

（2）评价者

mlens Evaluator 允许用户跨多个预处理通道并行搜索多个模型，用户需预先设置 transfor-mers，避免在相同的数据上重复安装同一个的预处理通道。代码如下：

```
from mlens.model_selection import Evaluator
from scipy.stats import randint
from sklearn.naive_bayes import GaussianNB
from sklearn.neighbors import KNeighborsClassifier
```

重新命名估计量：

```
ests = [('gnb', GaussianNB()), ('knn',
KNeighborsClassifier())]
```

然后准备参数表，与网格或随机搜索期间的操作类似。

注意: GNB 不含有任何参数，不包括在内。

```
pars = {'n_neighbors': randint(2, 20)}
params = {'knn': pars}
```

通过调用评价者（Evaluate）方法对这些估计器和参数分布进行评估:

```
evaluator = Evaluator(scorer=accuracy_scorer, cv=10)
evaluator.fit(X, y, ests, params, n_iter=10)
```

借助 Evaluate 的 cv_results 和 summary 属性检查结果和总结。

（3）预处理

transformers（转换器）可以实现预处理功能，通过预处理通道进行模型的对比。使用较低层或传入层作为“预处理”步骤。

```
from sklearn.preprocessing import StandardScaler
preprocess_cases = {'none': [],
                    'sc': [StandardScaler()]
                    }
```

指定了一个预处理通道的专业术语词典，词典中的每个条目都要按顺序来应用转换器。

借助一个例子观察所有部分是否都参与工作，如程序 5.2 所示。

程序5.2 基于mlens的预处理通道

```
from mlens.model_selection import Evaluator
from mlens.ensemble import SequentialEnsemble #--①
from mlens.metrics import make_scorer
from scipy.stats import uniform, randint

base_learners = [RandomForestClassifier(random_state=seed),
                 SVC(probability=True)] #--②
proba_transformer = SequentialEnsemble(
      model_selection=True, random_state=seed).add(
      'blend', base_learners, proba=True) #--③
class_transformer = SequentialEnsemble(
      model_selection=True, random_state=seed).add(
      'blend', base_learners, proba=False) #--④
preprocessing = {'proba': [('layer-1', proba_transformer)],
                 'class':[('layer-1', class_transformer)]}
                 #--⑤

meta_learners = [SVC(random_state=seed), ('rf',
RandomForestClassifier(random_state=seed))] #--⑥
params = {'svc': {'C': uniform(0, 10)},
          'class.rf': {'max_depth': randint(2, 10)},
          'proba.rf': {'max_depth': randint(2, 10),
                       'max_features': uniform(0.5, 0.5)}
          } #--⑦
scorer = make_scorer(accuracy_score) #--⑧
evaluator = Evaluator(scorer=scorer, random_state=seed,
            cv=2) #--⑨

evaluator.fit(X, y,meta_learners,params,preprocessing=
preprocessing, n_iter=2)#--⑩
```

```
from pandas import DataFrame
df = DataFrame(evaluator.results) #--⑪
```

	test_ score-m	test_ score-s	train_ score-m	train_ score-s	fit_ time-m	fit_ time-s	pred_ time-m	pred_ time-s	params
class.rf	0.8621	0.0019	0.8588	0.0008	1.773437	0.079849	0.361450	0.045035	{ 'max_depth' :8}
class.svc	0.8621	0.0019	0.8588	0.0008	1.141838	0.028914	0.091293	0.057192	{ 'C' : 3.745401188473625}
proba.rf	0.8575	0.0019	0.8752	0.0056	1.683211	0.063803	0.253456	0.107526	{ 'max_depth' : 5, 'max_features' : 0.97535715320}
proba.svc	0.8618	0.0004	0.8588	0.0020	0.689784	0.041124	0.062543	0.034615	{ 'C' : 3.745401188473625 }

剖析代码:

① 导入 Sequential Ensemble。Sequential Ensemble 允许用户使用不同级别的层去构建集成，层的类别有混合、分组和堆叠，这三类是使用预测集将训练集映射到元学习器的不同方法。

② 使用随机森林和支持向量机作为基础学习器。

③ 建立两个相互竞争的集成算法基作为预处理转换器，这是一个带有 proba 的混合集成算法基，proba 表示该层是否应该预测分类概率。这里将调用估计器的 predict_proba 方法。

④ 这是一个没有 proba 的混合集成算法。注意: model_selection 参数设置为 True, 这将修改转换方法的作用形式，并确保在每一层的测试过程中调用 predict。

⑤ 设置预处理映射。在评估合适的元学习器之前，此映射中的每个通道在每一层中都将进行尝试。

⑥ 设置合适的元学习器。估计器将在所有预处理通道上

运行。

⑦ 设置参数映射。随机森林的分布在不同的情况下要进行区分。

⑧ 包装 scorer 函数。

⑨ 将评估器具体化。

⑩ 调用评估器拟合方法。

⑪ 同时可以将评估器结果加载到数据结构中，以固定的方式查看结果。-s 和 -m 后缀分别代表平均值和标准差。

警告：

完成后请记住关闭模型选择。

（4）总结

① 集成学习提供了 Keras 模式的 API 构建集成算法，超级学习器辅助构建了堆叠集成算法，mlens 提供了不同类型的堆叠层，例如堆叠、混合和分组。

② 多次运行一个完整的集成算法以比较不同的元学习器的成本。

③ 集成学习进行了转换器的分类，可以使用输入层作为“预处理”方法，便于反复地评估元学习器。

④ 通过以下位置找到项目文档：http://ml-ensemble.com/info/index.html。

5.2 通过Dask扩展XGBoost

XGBoost 是基于梯度提升算法的一个优化算法，而

Dask 是一个灵活的 Python 并行计算库。

可以将这两种方法结合起来并行地训练梯度增强树，通过 Dask 扩展 XGBoost 之前，要理解和领会 Dask 的价值，需要先了解 Python 的科学生态系统。图 5.3 给出许多实用数据库和框架适用性的一般概念。

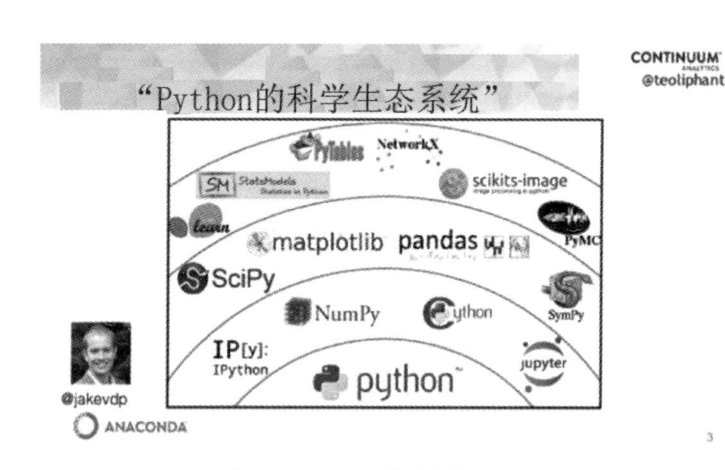

图 5.3 Python 的科学生态系统

Dask 的开发是为了拓展这些软件包和周围的生态系统，它与现有的 Python 生态系统协作，将其扩展到多核机器和分布式集群，然而，这些软件包的设计并不能实现超出某一台计算机的拓展。如何使用 NumPy 或 Pandas 来处理不符合计算机内存的数据集？ Dask 便可以让 NumPy 和 Pandas 处理分布式数据，同时，Dask 并不局限于拓展 NumPy 和 Pandas，可将扩展性优势延伸至整个生态系统。

由于 Dask 是基于 Python，它的 API 与大多数 scikit-learn 库接口相匹配。其可在两个层上运转：

① 在较高层次上，Dask 提供高级数组、包以及数据结构集合，这些集合模拟 NumPy、list 和 Pandas 运行，同时

可以在不适合主内存的数据集上并行操作。Dask 的高级集合是 NumPy 和 Pandas 的大数据集的替代品。在较高层次上，Dask 主要帮助解决两个问题：处理大于 RAM 的数据集(Pandas 和 NumPy 需要完整数据集)；在线程、内核或不同的机器上分配任务。

② 在较低层次上，Dask 提供了并行执行任务图内的动态任务调度器。调度程序在复杂情况下或其他任务调度系统中（如 Luigi 或 IPython Parallel）直接使用线程或多处理数据库的替代方法。

Dask 的逻辑架构（图 5.4）可以帮助更好地理解这些概念。

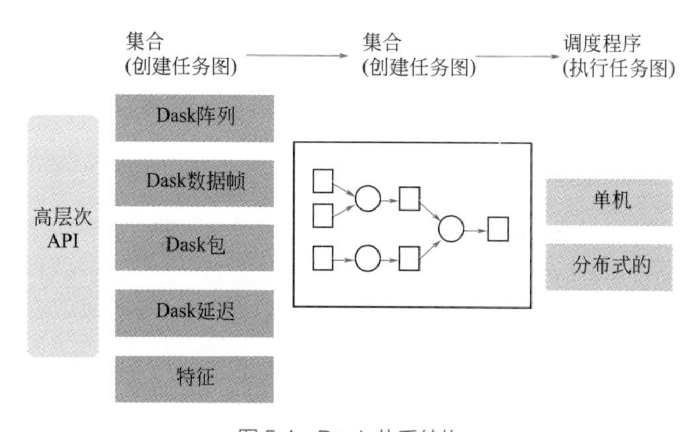

图 5.4　Dask 体系结构

5.2.1　Dask数组与数据结构

Dask 数组的逻辑结构如图 5.5 所示，从本质上了解 Dask 数组和数据结构。在图 5.5 中可以看到，Dask 数组实际上包含 NumPy 数组的集合，尽管它为用户提供了一个单一的逻辑视图，但这张照片可能会触发用户脑海中其他一些想法。为不同的线程、内核或机器分配单独的 NumPy 数组，它们所存在的位置并不重要，Dask 充当出色的管家，负责管理所有内部协调工作。

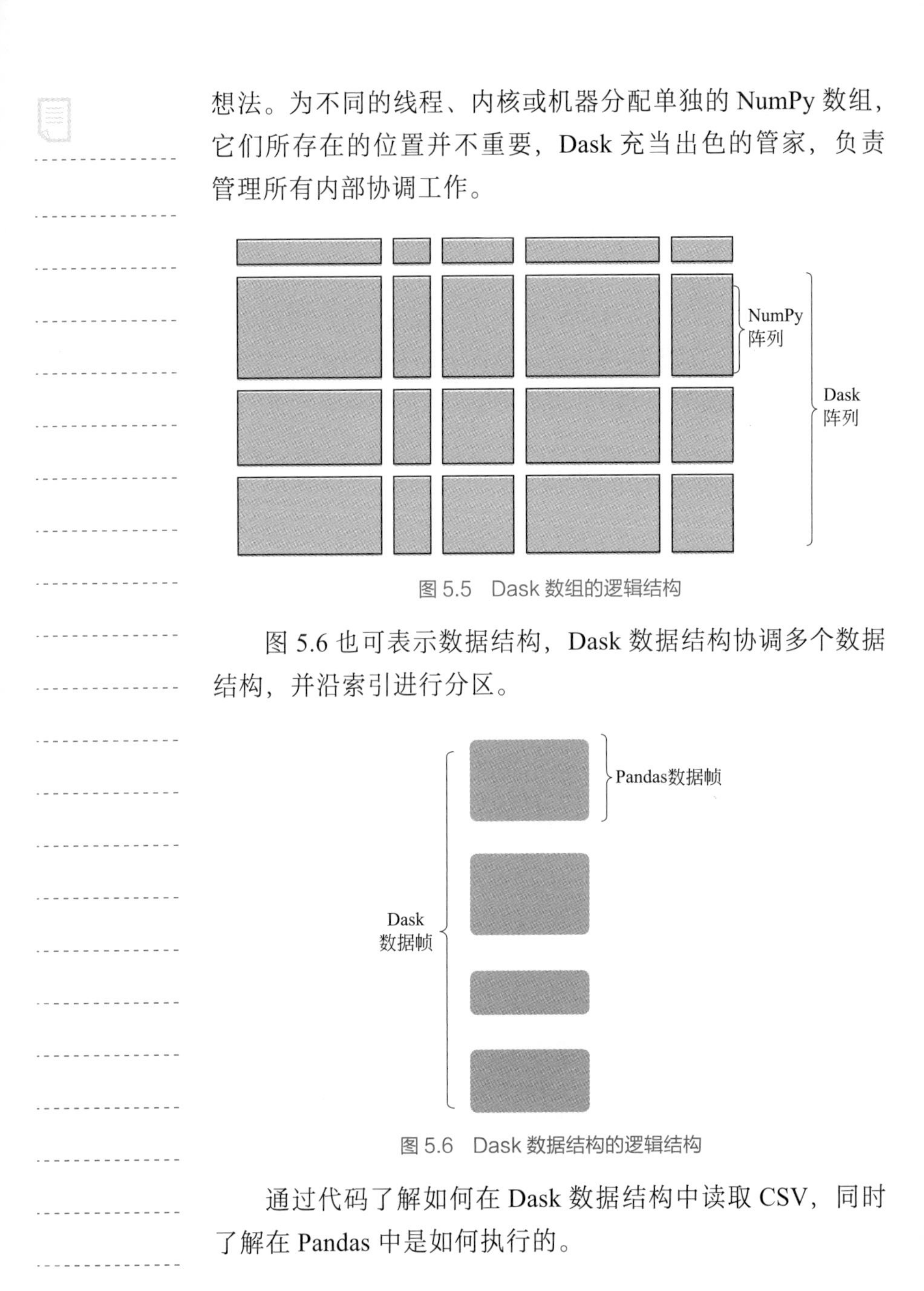

图 5.5　Dask 数组的逻辑结构

图 5.6 也可表示数据结构，Dask 数据结构协调多个数据结构，并沿索引进行分区。

图 5.6　Dask 数据结构的逻辑结构

通过代码了解如何在 Dask 数据结构中读取 CSV，同时了解在 Pandas 中是如何执行的。

```
import dask.dataframe as dd
df = pd.read_csv("hdfs://mycsv.csv", parse_dates
=['timestamp'])
```

```
import pandas as pd
df = dd.read_csv("hdfs://mycsv.csv", parse_dates
=['timestamp'])
```

两个库的代码是相同的，这不是复制或粘贴错误。Dask API 的设计保持了 Python 模式，以确保学习曲线最小。在 Python 数据计算生态系统中，近乎所有的包都可以在不做太多更改的情况下进行分布式和并行处理。

除了分布式处理之外，并行处理是 Dask 的另一个特性，可以扩展数据处理任务。Dask 如何使用更简单的 Dask 延迟接口并行化一些独特的算法？通过程序 5.3 中的代码进行查看。

程序5.3　用于并行处理的Dask延迟接口

```
def inc(x):
    return x + 1
def double(x):
    return x * 2
def add(x, y):
    return x + y

data = [1, 2, 3, 4, 5]

output = []

for x in data:
```

```
    a = inc(x)
    b = double(x)
    c = add(a, b)
    output.append(c)
total = sum(output)
```

尽管代码简单，但可以清楚地看到 inc 和 double 是可以并行化的。Dask 延迟函数可以对前面的函数进行修饰，使它能够缓慢地运行，即将函数及其参数放入任务图中，延迟执行。将自定义函数包装在延迟函数中，如程序 5.4 所示。

程序5.4 Dask延迟执行

```
import dask
output = []
for x in data:
    a = dask.delayed(inc)(x)
    b = dask.delayed(double)(x)
    c = dask.delayed(add)(a, b)
    output.append(c)
total = dask.delayed(sum)(output)
```

注意：

inc、double、add 或 sum 函数都没有调用。而对象 total 是一个延迟的结果，它包含整个计算的任务图。

通过调用 total 来查看任务图。visualize（）方法如图 5.7 所示。

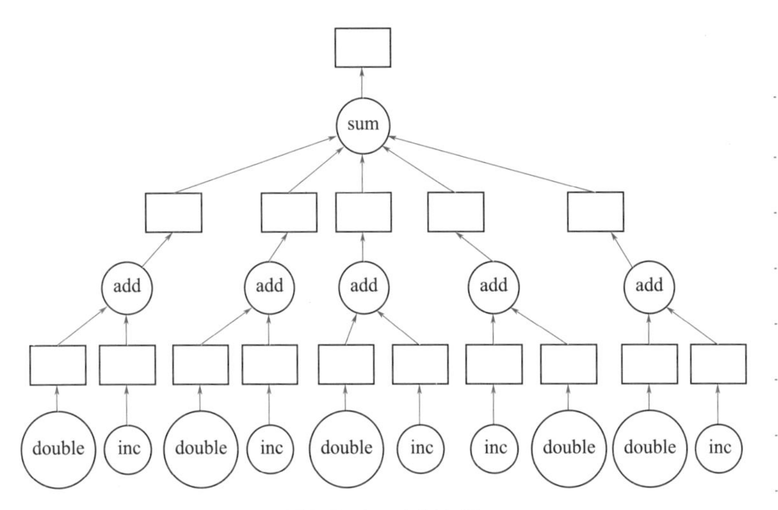

图 5.7　Dask 任务图

图中的每个节点都可以分配给不同线程、资源，甚至是学习器，这些节点是在执行操作时实施的，程序 5.3 中的代码是对 compute 函数的调用。

```
total.compute()
```

“凌乱数据”事实上不是大数据集的问题，而是一个对于计算问题的挑战。大多数时候，它是一个大数据集和自定义数据处理逻辑的组合。Dask 在两个层次上运行：大数据和执行中的并行任务，程序 5.5 是 Dask 数组任务的图表。

程序5.5　Dask任务图

```
import dask.array as da
x = da.ones((15, 15), chunks=(5, 5))
y = x + x.T
y.visualize()
```

在这里，创建一个由区间（5，5）的三个块组成的 Dask 2D 数组，然后添加带有转置的数组。图 5.8 是计算的任务图。

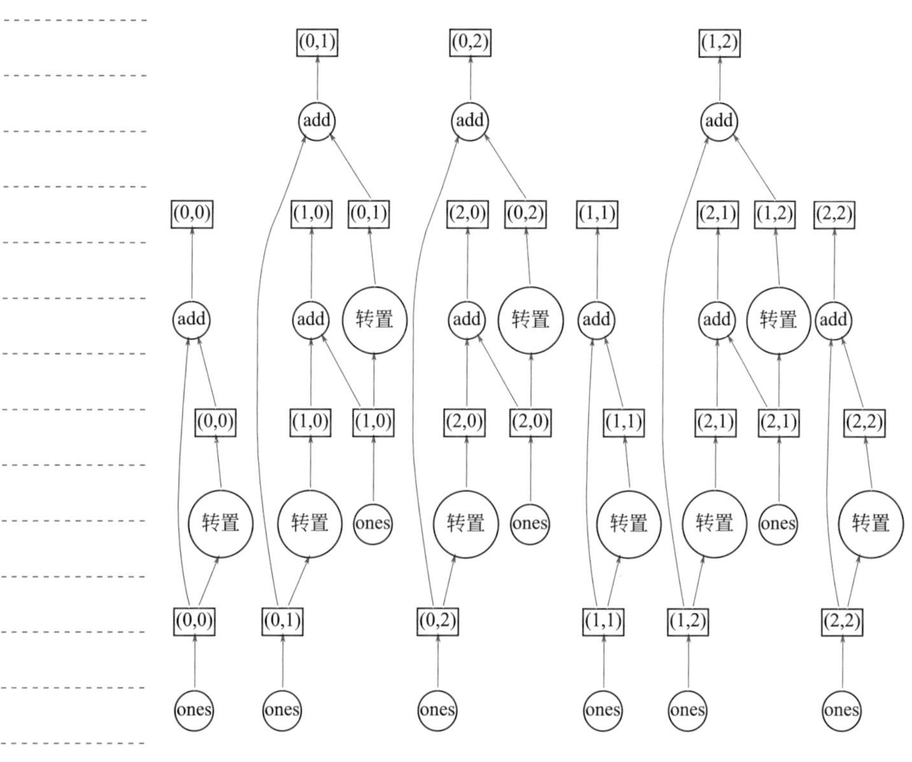

图 5.8　Dask 2D 数组任务图

5.2.2　Dask-ML

如果将 Dask 与 scikit-learn 库相结合，可得到一个可扩展的 ML（机器学习算法）。虽然与 scikit-learn 库并行，但仅使用 Joblib 在单个机器上提供并行计算。通过逻辑回归方法建立一个分类器（程序 5.6），还可使用 make_classification 生成一个随机的 n 类分类问题数据集。

程序5.6　Dask单机逻辑回归

```
from dask_glm.datasets import make_classification
from dask_ml.linear_model import LogisticRegression
from dask_ml.model_selection import train_test_split

X, y = make_classification()
X_train, X_test, y_train, y_test = train_test_split(X, y,
random_state=42)

lr = LogisticRegression()
lr.fit(X_train, y_train)
lr.predict(X_test)
```

此代码与标准 scikit-learn 库代码相似，使用具备线程和进程并行的 Joblib。Joblib 是 scikit-learn 库中支持 n_jobs= parameter 的典型应用，该过程如图 5.9 所示。

图 5.9　使用 Joblib 在单机上进行基于 Dask 线程和进程的处理

Dask 可以将这种并行性扩展到集群中的机器，适用于中等大小的数据集合，但计算量较大，如随机森林、超参数优化等。图 5.10 形象地展现了分布式计算的过程。

图 5.10　集群环境中的 Dask 并行执行

Dask 通过 Joblib 与 scikit-learn 库交互，以便使用集群来训练模型。通过程序 5.7 中的代码来查看实际情况。

程序5.7　通过Dask进行网格搜索和逻辑回归

```
from dask_ml.model_selection import GridSearchCV
parameters = {'penalty': ['l1', 'l2'], 'C': [0.5, 1, 2]}
lr = LogisticRegression()
est = GridSearchCV(lr, param_grid=parameters)
est.fit(X_train,y_train)
```

使用网格搜索来寻找逻辑回归参数的最佳值：惩罚系数 C。该数据集与程序 5.6 中使用的数据集相同，之后切换至集群训练，如程序 5.8 所示。

程序5.8　通过Dask在集群上进行训练

```
from dask_ml.model_selection import GridSearchCV

parameters = {'penalty': ['l1', 'l2'], 'C': [0.5, 1, 2]}

lr = LogisticRegression()
est = GridSearchCV(lr, param_grid=parameters)
import joblib #--①
from dask.distributed import Client #--②

client = Client() #--③
with joblib.parallel_backend('dask'): #--④
    est.fit(X_train, y_train) #--⑤
```

首先要注意，scikit-learn 库的网格搜索代码没有发生变化，并且使用的数据与程序 5.6 相同。

① 导入 Joblib 库。使用 Joblib 在本地计算机的不同线程或进程上运行 scikit -sklearn 函数，通过导入 Joblib 来激活新的后端 Dask。图 5.10 本质上是从图 5.9 变化而来的。

② 从 Dask 中的 dask.distributed 导入客户机来连接到 Dask 集群。

③ 初始化客户端来连接 Dask 集群。启动集群的时间点为客户机在没有参数的情况下初始化时，集群在本地运行。为了在本地运行集群，需要在没有任何参数的情况下初始化客户机。

④ 基于 joblib.parallel_backend 的环境。使用指定的 Dask 后端或集群进行训练。

⑤ 估计器仅适用于集群，而不是线程或进程。

集群可以在具有 Docker 或 Kubernetes 的云环境中运行，可以查阅在云计算机上设置集群的相关文档。

5.2.3 扩展XGBoost

前面章节介绍了 XGBoost，本节将介绍如何使用 Dask 和 XGBoost 并行训练梯度增强树。XGBoost 是极端梯度提升算法，作用是将新的预测值与前一个预测值的残余误差相匹配。

dask-xgboost 具备连续性，且结构简单（200 TLOC）。与具有调度和工作程序的 Dask 集群一样，Dask 在同一进程中启动 XGBoost 调度程序，在每个 Dask 工作程序中运行 Dask 调度程序和 XGBoost 工作程序，共用物理内存空间。Dask 就是为这种执行而构建的。训练期间，Dask 工作人员将所有 Pandas 数据结构（Dask 数据结构的组成部分）传递给本地 XGBoost，并让 XGBoost 完成训练。

注意：

Dask不直接驱动XGBoost，而只是提供参数设置和数据，并让其在后台运行。

Dask 和 XGBoost 储存在同一个 Python 进程中，可以彼此共享数据，并且可以相互监控。这与 NumPy 和 Pandas 在一个过程中共同运行的方式十分相似。如果希望轻松使用多个专用服务并避免大型而单调的框架，那么与多个系统共享分布式流程是关键。参考程序 5.9 了解如何在代码中将 XGBoost 与 Dask 一起使用。

程序5.9　通过Dask扩展XGBoost

```
    from dask.distributed import Client
    client = Client() # --①
    #Prepare dummy dataset
    from dask_ml.datasets import make_classification
    X, y = make_classification(n_samples=100000, n_features=20,
                               chunks=1000, n_informative=4,
                               random_state=0) #--②
    #Split for training and testing
    from dask_ml.model_selection import train_test_split
    X_train, X_test, y_train, y_test = train_test_split(X, y,
test_size=0.15) #--③
    #Train Dask-XGBoost
    import xgboost
    import dask_xgboost
```

```
params = {'objective': 'binary:logistic',
          'max_depth': 4, 'eta': 0.01, 'subsample': 0.5,
          'min_child_weight': 0.5} #--④
bst = dask_xgboost.train( client, params, X_train, y_train,
                          num_boost_round=10) #--⑤

#Plot feature importance
%matplotlib inline
import matplotlib.pyplot as plt

  ax = xgboost.plot_importance(bst, height=0.8, max_num_
  features=9)#--⑥
  ax.grid(False, axis="y")
  ax.set_title('Estimated feature importance')
  plt.show()

  #Results
```

代码分析:

① 初始化客户端。Dask 集群是本地集群，可以通过查看集群的详细信息来查看集群的值。

② 使用 make_ classification 函数生成一个随机的小型数据集。

③ 将数据集分为训练和测试数据，以确保拥有一个合理的测试，从而辅助评估。

④ 指定 XGBoost 参数。

⑤ 调用训练方法拟合模型。dask-xgboost 是对 XGBoost 的一个包装。通过 Dask 建立 XGBoost，并给 XGBoost 提供数据，用户让 XGBoost 使用所有 Dask 在后台进行训练。bst 对象是一个常规的 XGBoost.Booster 对象。

⑥ 使用 xgboost.plot_importance 的方法绘制特征重要性得分图，如图 5.11 所示。

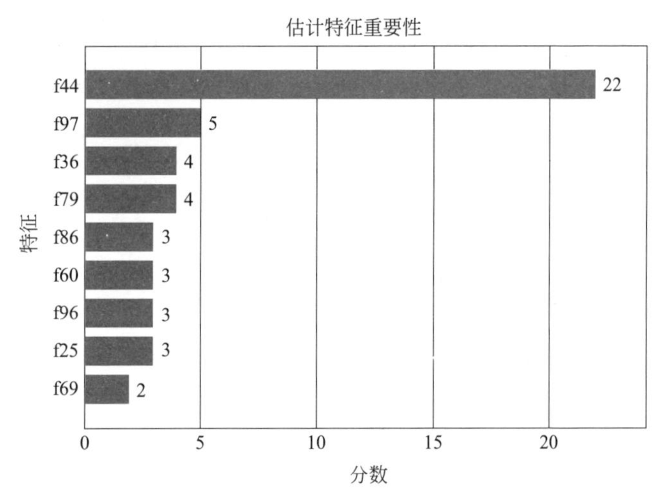

图 5.11 特征重要性得分图

5.2.4 微软LightGBM

LightGBM 是一个基于决策树算法的快速、分布式、高性能梯度增强的框架，它用于排序和分类许多机器学习。

Boosting 在 Kaggle 比赛中极受欢迎，XGBoost 是赢得 Kaggle 比赛的标准算法。但对于大数据，XGBoost 的训练时间会急剧增加。而 LightGBM 解决了扩展性和速度问题，显著降低了内存消耗，XGBoost 和 LightGBM 都是 GBT（梯度提升）的特定实例，都执行了相同的底层算法。但是它们各自展示了不同的技巧，以提高训练效率和提升性能。它的设计呈现分布式且具有高效性能，主要具有以下优点：

① 更快的训练速度和更高的效率。

② 较低的内存使用率。

③ 较高的精度。

④ 支持并行和 GPU 学习。

⑤ 能够处理大规模数据。

XGBoost 和 LightGBM 属于同一个梯度提升决策树（GBDT）家族，具有相似的体系结构。此节架构的思想是提升 LightGBM 训练模型的精确度。

（1）决策树扩展

为分割和训练每个单独决策树，采用层次策略和叶片策略两种策略。

层次策略使平衡树得以维持平衡，平衡树是指每一片叶子与根部的距离不超过某一阈值的树，所有叶节点与根的距离基本相同。从图 5.12 中可以看出，拆分可以确保树保持平衡。

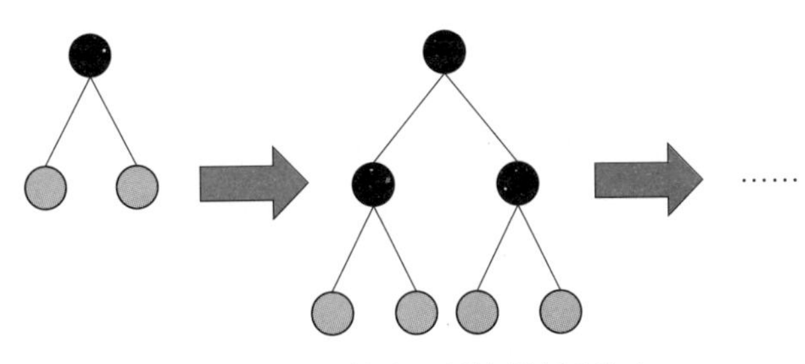

图 5.12　层次策略下决策树的拆分策略

按叶片策略拆分叶片可以最大限度地减少损失（图 5.13），这使得训练变得灵活，尽管容易过拟合。LightGBM 可以使决策树的叶片生长，保持叶片数量不变，选择具有最大损失的叶片进行生长，叶片算法往往比层次算法有着更低的损失。值得注意的是，虽然叶片生长是 LightGBM 独有的功能，但 XGBoost 也执行了这种生长策略。

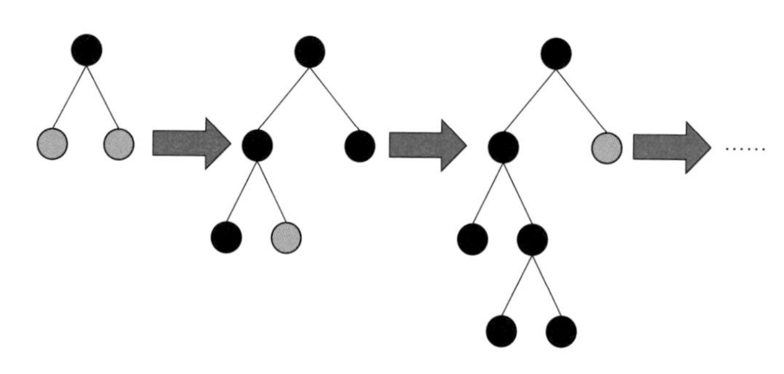

图 5.13　叶片策略下决策树的拆分策略

（2）寻求最佳拆分法

为每片叶子找到最佳拆分法是训练 GBDT 的关键问题，可以通过检查每个功能来找到最佳分割，但此方法既不可扩展，也不实用。设想一个包含数百万文档和一百万词汇量的数据集，唯一可能的方法是以某种方式估算最佳拆分。下面介绍一些执行策略：

① 基于直方图方法。基于直方图的方法是依据不同特征进行分组，这有助于加快训练速度并降低复杂性，因为可以在构建每个决策树之前对特征进行梳理，但需要注意的是，为了使此方法有效，必须提前对特征进行梳理。

② 处理缺失值。因为 LightGBM 经常用于表格或文本数据，所以输入往往是离散的。一种原因是选择时忽略缺失值，然后将其分配给减少损失时拆分的其中一侧。当 zero_as_missing 参数设置为 True 时，LightGBM 会执行此操作，它会将所有的零值视为丢失。

③ 基于梯度的单边采样。并非所有特征都在训练中发挥重要作用，例如一些具有较低梯度的特征。LightGBM 更

加关注具有高梯度的数据点（即在获取最佳拆分的过程中，它倾向于忽略低梯度特征）。然而，这也造成了采样偏差的内在风险，为解决这类问题，LightGBM 采用了两种方法，使用较小的梯度随机采样和一般重要性采样方式。实质上增加了小梯度采样的分量，同时也计算了它们对损失变化的贡献。

④ 特征捆绑。特征捆绑是一种基于大型数据集离散性而形成的技术，考虑到离散性，某些特征捆绑在一起不是永远都为非零状态。例如，Python 和 politics 很少有机会在一个文档中结合，它们可以捆绑到单个特征中，而不会丢失任何信息。寻找最佳捆绑是一个十分困难的问题，LightGBM 使用近似技术，该技术允许特性包中的非零元素之间存在一定程度的重叠。

基本了解 LightGBM 的工作原理后，对参数的理解更加容易。

（3）参数

参数格式是 key1=value1 key2=value2……，可以在配置文件和命令行中设置。使用配置文件时，一行只能包含一个参数，可以使用 # 号对每行进行注释。使用命令行时，参数在等号前后不加空格。如果一个参数同时出现在命令行和配置文件中，LightGBM 将使用命令行中的参数。阅读以下位置的文档，查阅更多信息：https://lightgbm.readthedocs.io/en/latest/Parameters.html。

（4）Python代码中的LightGBM

使用 LightGBM 构建一个二进制分类器，将在案例中使用 Python 接口（程序 5.10）。

程序5.10　基于LightGBM的二进制分类器

```
import lightgbm as lgb # --①
n_features = 20
data = np.random.rand(5000, 20) # --②
label = np.random.randint(2, size=5000)
X_trn, X_val, y_trn, y_val = train_test_split(data, label, test_size=0.30) # --③
feature_name = ['feature_' + str(col) for col in range(n_features)] # --④
train_data = lgb.Dataset(X_trn,label=y_trn,feature_name=feature_name, categorical_feature=[feature_name[-1]] #--⑤
validation_data = lgb.Dataset(X_val,label=y_val, reference=train_data) # --⑥
param = {'num_leaves': 31, 'objective': 'binary'} # --⑦
param['metric'] = ['auc', 'binary_logloss']
num_round = 10
bst = lgb.train(param, train_data, num_round, valid_sets=[validation_data]) #--⑧
print('Feature importances:', list(bst.feature_importance()))
# --⑨
data = np.random.rand(7, 20)
ypred = bst.predict(data) # --⑩
# --⑪
for i in range(7):
    if ypred[i]>=.5:     # setting threshold to .5
       ypred[i]=1
    else:
       ypred[i]=0
```

代码分析：

① 导入 LightGBM 库。LightGBM Python 模块可以从 LibSVM（基于零）/TSV/CSV/TXT 格式文件、NumPy 2D 数组、Pandas 数据结构、H2O 数据表结构、SciPy 离散矩阵以及 LightGBM 等二进制文件中加载数据，数据存储在数据集中。

② 将数据分为训练数据和测试数据。

③ 指定随机生成特征编号。

④ 准备训练数据集。确定特征名称以及对应的数值。LightGBM 可以直接使用具体特征作为输入，它不需要转换成独热编码，而且执行速度比独热编码快很多（大约 8 倍）。加载数据集之前最重要的一个步骤是将具体特征对应的值转换为 int 形式。

⑤ 准备验证数据集。在 LightGBM 中，验证数据应与训练数据一样，数据集非常节省内存，仅需保存离散部分。

⑥ LightGBM 可以使用工具库设置参数。由于是一个二进制分类问题，将目标值设置为二进制，并检查文档中其他可能的目标值。

⑦ 设定多个评估指标。

⑧ 通过调用 train 方法进行训练，使用 fit 功能查看文档以了解详细信息。

⑨ 使用 feature_importance 方法检查特征的重要性。

⑩ 调用 predict 方法来预测不同类别的概率。

⑪ 使用阈值将概率转换为类别预测。

详细参数调整问题，请阅读 https://lightgbm.readthedocs.io/en/latest/Parameters Tuning.html。

5.2.5 AdaNet

AdaNet 是一个基于 TensorFlow 的轻量级框架，用于自动学习的高质量模型，是一种将神经网络的结构和权值作为子网络集合进行迭代学习的算法。

本小节基于 2017 年 ICML 中“AdaNet 人工神经网络自适应结构学习”提出的 AdaNet 算法，用于将神经网络的结构作为子网络的集合进行学习。图 5.14 为 AdaNet 的结构。

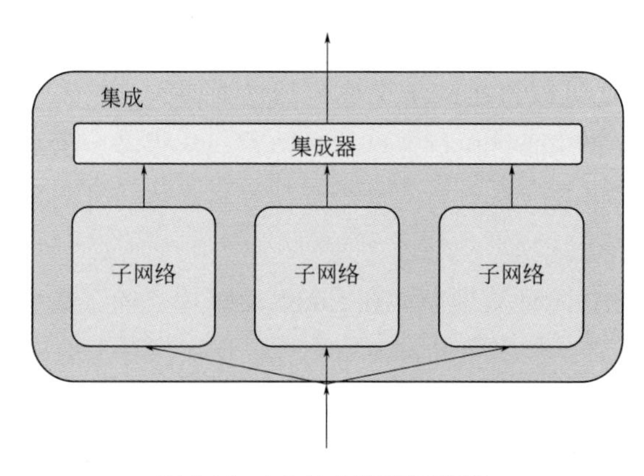

图 5.14 AdaNet 集成神经网络

子网络的输出被合成一个输出，本质上使用了集成学习概念，最终模型由较简单的模型组成相对复杂的模型，提高了模型的准确性。

在每次迭代中，该算法检查每组候选网络并评估哪一个网络提高了集成性能（或从技术层面讲，产生的损耗更小），然后将其添加到集成中。需要注意的是，每个候选网络的架构必须由用户提供。通过几个集成的示例来了解其各种实现的可能性。

图 5.15 是具有不同复杂性的子网络集合。从本质上讲，集成是由越来越复杂的神经网络子网络组成的，这些子网络

的输出是平均的。

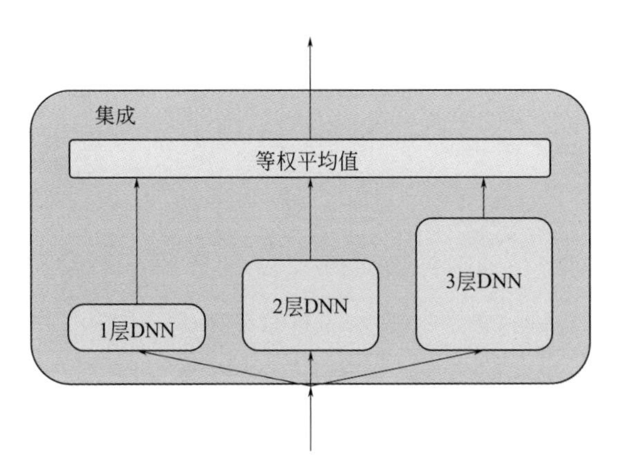

图 5.15　不同复杂性的子网络集成的 AdaNet

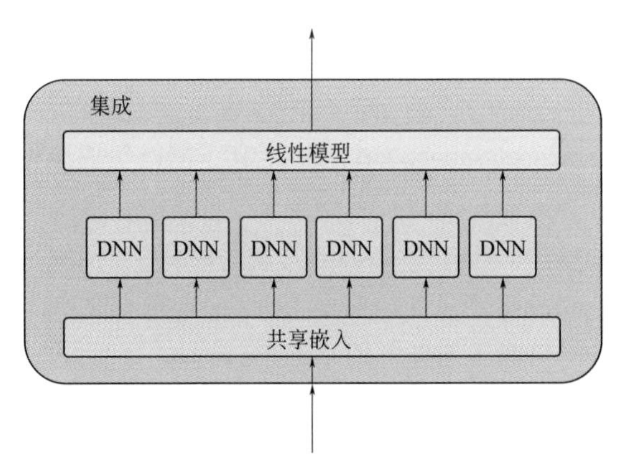

图 5.16　从共享嵌入中训练得到的 AdaNet 集成

图 5.16 是在共享嵌入上学习的集成。当大多数模型参数是特征的嵌入时，单个子网络预测使用经过训练的线性结合体进行组合，这种集成方式非常有用。

使用 Python 检查迭代周期，有助于学习和使用以下框架（图 5.17）。

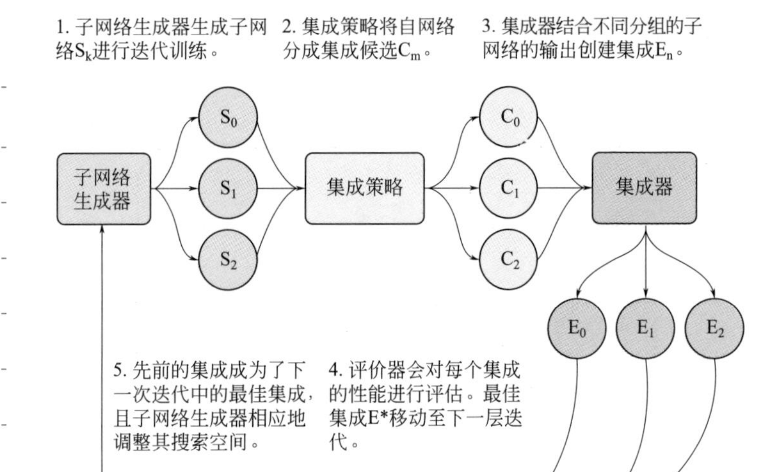

图 5.17　AdaNet 集成生成过程（来源：AdaNet 文档）

① 在 adanet.Subnetwork 包中定义子网络生成器和子网络。

② 在 adanet.Ensemble 包中定义集成策略、集成器和集成。

通过运行 Google Colab 上的示例作为练习 (https://github.com/tensorflow/adanet)，文本中有很好的注释，并提供了可用于机器学习任务的示例代码。

5.3　本章小结

回顾本章所涵盖内容：

① sklearn 没有内置模块堆叠。ML-Ensemble（又称 mlens）是一个开源库，它简化了集成实验。API 模式类似于

Keras，通过 stacking 基础学习器和元学习器可以轻松构建 stacking。

② 介绍了如何选择有效的学习器和相关超参数的技巧。

③ Dask 是 Python 中用于并行计算的具有较强适应性的库，它由两部分组成：动态任务调度和大数据收集。动态任务调度类似于气流，针对交互式计算工作进行优化。

④ Dask 可以并行训练 XGBoost 树，并提供可扩展性。

⑤ LightGBM 是一种梯度提升树算法，可作为 Microsoft 的数据库使用。

⑥ 基于直方图的方法、处理缺失值、基于梯度的单边采样和特征绑定等方法，LightGBM 比 XGBoost 有更好的性能表现。

⑦ AdaNet 是一个基于 TensorFlow 的轻量级框架，是一种将神经网络的结构和权值作为子网络集成进行迭代学习的算法。

数据库使得构建集成变得灵活、快速、可重复。在第 6 章中，将介绍如何将集成有效地应用到实际中。

第 6 章
实践指南

Ensemble Learning
for AI Developers

为了充分发挥集成学习的效果，需要学习将集成学习有效地应用于实际情况的技巧与方法。

如果听说过机器学习中数据处理的80/20法则，那么应该知道需要花大量的时间在搜索和优化模型中。学习本章之后，可以了解到大量可重复使用的优化方案，并应用到实际的ML工作流程中。

本章主要内容如下所示。

① 使用随机森林模型实现特征选择。在机器学习算法中优化特征选择和特征相关性。

② 利用集成树进行特征转换。

③ 为随机森林回归建立一个预处理路径。

④ 隔离森林。一种高效的异常点检测算法，在高维数据集中尤其有效。

⑤ 使用 Dask 扩展集成学习处理。

6.1 基于随机森林的特征选择

在ML任务中很有可能存在上百个特征，但重要性各不相同，有些可能发挥作用，有些重要性很低或没有重要性的特征可以从特征列表中删除，这种特征处理（或选择重要的特征）的方法有三个优点：

① 可以减少训练模型的计算成本和时间。

② 可以使训练模型更容易被理解。

③ 可以通过减小方差防止过度拟合。

目前随机森林（决策树的集合）为特征选择的主要方法。可以通过查看使用该特征的树节点的净均值(在森林的所有树中）来衡量一个特征的重要性，通过修改特定节点以下的决策创建子集特征。scikit-learn 在训练结束后会自动计算每个特征的重要性得分，然后对结果进行衡量，使所有特征的重要性之和等于 1。使用 feature_importances_variable 来访问结果，详情请参照程度 6.1。

程序6.1 在scikit-learn中计算特征重要性

```
iris = datasets.load_iris() # -①
feature_list = iris.feature_names # -②
print(feature_list)
['sepal length (cm)',
 'sepal width (cm)',
 'petal length (cm)',
 'petal width (cm)']
X = iris.data # -③
y = iris.target # -④
X_train, X_test, y_train, y_test = train_test_
split(X, y,test_size=0.33, random_state=42) # -⑤
rf_clf = RandomForestClassifier(n_estimators=10000,
random_state=42, n_jobs=-1) # -⑥
rf_clf.fit(X_train, y_train) # -⑦
for name, score in zip(iris["feature_names"], rf_clf.
feature_importances_):
    print(name, score) # -⑧
sepal length (cm) 0.09906957842524829
sepal width (cm) 0.03880497890715764
petal length (cm) 0.4152569088750478
petal width (cm) 0.4468685337925464
y_pred = clf.predict(X_test) # -⑨
accuracy_score(y_test, y_pred) # -⑩
```

```
0.9333333333333333
sfm = SelectFromModel(clf, threshold=0.15) # - ⑪
sfm.fit(X_train, y_train) # -⑫
X_important_train = sfm.transform(X_train) # -⑬
X_important_test = sfm.transform(X_test)
rf_clf_important = RandomForestClassifier(n_estimators=500,
random_state=0, n_jobs=-1) # -⑭
rf_clf_important.fit(X_important_train, y_train)
y_important_pred = rf_clf_important.predict(X_
important_test) # - ⑮
accuracy_score(y_test, y_important_pred)
0.9166666666666666
```

代码分析:

① 使用虹膜数据集。与 sklearn 库协作提供，无需单独下载数据。

② 通过使用 irist.feature_names 属性检索特征列表。

③ 从数据集中提取特征。

④ 从数据集中提取目标。

⑤ 借助 sklearn 中的 train_test_split 方法将数据分成训练集和测试集。

⑥ 用 10000 个估计值初始化随机森林分类器。

⑦ 调用拟合方法。

⑧ 训练完成后，使用 feature_importances_ 变量来检查重要性得分。从结构来看，在虹膜数据集中，花瓣的长度和宽度重要性更高。

⑨ 预测测试集。

⑩ 计算准确率得分。重新计算特征选择后的准确性。

⑪ 创建一个选择器对象，使用随机森林分类器来识别重

要性超过 0.15 的特征。

⑫ 训练选择器。

⑬ 将包含重要特征的数据转换成新的数据集。

⑭ 用 500 个估计值初始化新的随机森林分类器。

⑮ 拟合分类器并预测新创建的 X_important_test。

尽管在只用重要特征进行训练时，准确率有所下降，但数据集的大小减少了 50%。在特征数量减少 50% 的情况下，准确率仅下降 2%。使用其他技术进行特征选择，随机森林也能够筛选出重要的特征。

6.2 基于集成树的特征转换

决策树森林由于具有鲁棒性和对高维度的支持，在分类和回归任务中相当受欢迎，且该方法在提取嵌入时也能发挥一定的作用。

嵌入是输入一个更方便表示空间的投射，使得具有大量输入的机器学习变得更加容易，比如代表单词的稀疏向量。理想情况下，嵌入通过在嵌入空间中把语义相似的输入放在一起，提取输入的语义，学习后并在不同的模型中重复使用。如果掌握 word2Vec 和 gloVec，就对嵌入有了一定的认识。

在集成树的背景下，森林嵌入代表了一个使用随机森林的特征空间。编码可以以监督或无监督的方式进行学习：在有监督的情况下，训练的森林树结构给分类或回归问题提取嵌入；在无监督的情况下，没有目标变量，森林的每棵树都是随机建立拆分的。

那么嵌入是如何产生的呢？答案是，它是直接生成的，过程如下：

① 为分类或回归问题训练一个随机树森林。

② 将样本穿过每棵树，并注意它最后出现在哪个叶节点上。

③ 将叶节点标记为 1，决策树将其置于其中；否则，将其标记为 0。

④ 将这些向量串联起来。

这个过程可以想象为图 6.1。

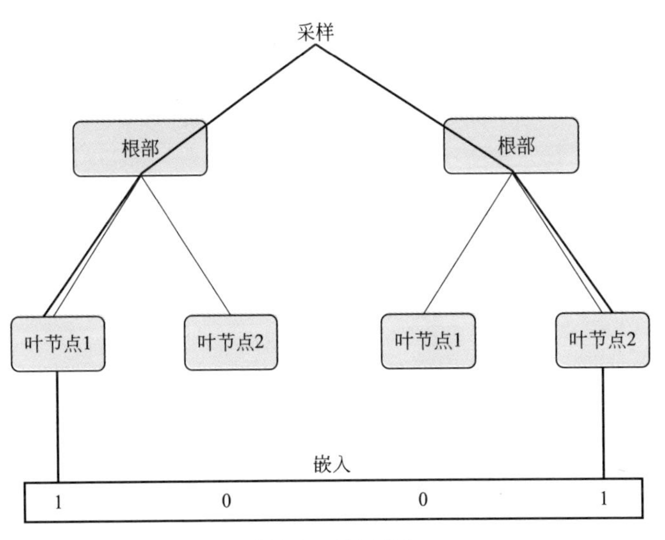

图 6.1 嵌入过程

通过一个例子来更好地理解。在图 6.2 所示的树中，有三个特征：收入、年龄和信用等级（CR），有 10 个终端节点（是 / 否），最后的嵌入看起来像 [0, 0, 0, 0, 0, 0, 0, 0, 1]。考虑到一个森林可能有数百个类似的树，最终得到的嵌入有大量的维度，但重要的是，只从三维特征建立这个高维数据。

高维度有什么优势？实际上，在高维空间中，线性分类器往往能实现很好的准确性。而且，不需要再写逻辑脚本，sklearn 已经用 sklearn.ensemble.RandomTreesEmbedding 实现。

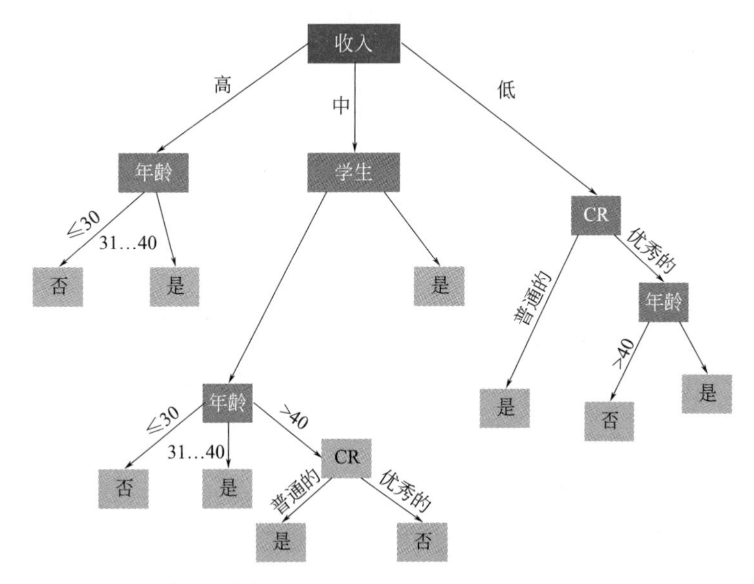

图 6.2　嵌入（资料来源：Upasana Priyadarshiny, https://dzone.com/articles/how-to-create-a-perfect-decision-tree）

RandomTreesEmbedding 是一种将数据集转化为高维稀疏类型的无监督转化。数据点根据它被分类到每棵树上的叶片进行编码，使用独热编码将叶片转换成一个二进制编码，其数量与森林中的树一样多。通过代码检验编码情况：

① 使用 sklearn 中的虚拟分类数据集。X, y = make_classification(n_samples=80000)。检查数据形式：第二个维度是特征数量，print(X.shape) (80000, 20)。

② 初始化完全随机树集合。model = RandomTreesEmbedding(n_estimators=100,min_samples_leaf=10)。

③ 拟合数据模型。model.fit(X, y)。

④ 令森林中树木为 X，代入得到叶子数：leaves = model.apply(X)。

⑤ 检查叶子的形状，会发现特征尺寸增加到 100。print（leaves.shape）（80000, 100）。

⑥ 对叶子进行稀疏独热编码。M = OneHotEncoder().fit_transform(leaves)。

准备好的编码用于分类或其他机器学习算法。

通过一个程序（程序 6.2）来比较无监督的嵌入和有监督的嵌入，为了进行比较，把特征转换为一个更高维的稀疏空间，然后在这些特征上训练一个线性模型。

程序6.2　无监督的嵌入和有监督的嵌入

```
n_estimator = 100
X, y = make_classification(n_samples=80000) # - ①
X_train, X_test, y_train, y_test = train_test_split(X, y,
test_size=0.5) # - ②
X_train, X_train_lr, y_train, y_train_lr = train_test_split
(X_train, y_train, test_size=0.5) # - ③
rt = RandomTreesEmbedding(max_depth=3, n_estimators=n_
estimator,random_state=0) # - ④
rt_lm = LogisticRegression(max_iter=1000) # - ⑤
pipeline = make_pipeline(rt, rt_lm) #- ⑥
pipeline.fit(X_train, y_train)
y_pred_rt = pipeline.predict_proba(X_test)[:, 1]
fpr_rt_lm, tpr_rt_lm, _ = roc_curve(y_test, y_pred_rt) #- ⑦
```

代码分析:

① 在 sklearn 中应用虚拟分类数据集。

② 使用 sklearn 中的 train_test_split 将数据分成训练集和测试集。

③ 使用不同训练数据集上训练集成树线性回归模型,避免过度拟合。

④ 初始化集成树。

⑤ 初始化逻辑回归。

⑥ 创建一个随机集成树和逻辑回归的交互接口。

⑦ 训练交互接口,计算测试集上的估计概率,然后计算 roc_curve 值。

注意:

上方代码是针对使用完全随机树的无监督转化,后面将使用随机森林进行监督转化。

```
rf = RandomForestClassifier(max_depth=3, n_estimators=n_estimator)
rf_enc = OneHotEncoder()
rf_lm = LogisticRegression(max_iter=1000)
rf.fit(X_train, y_train) # -⑧
rf_enc.fit(rf.apply(X_train)) # -⑨
rf_lm.fit(rf_enc.transform(rf.apply(X_train_lr)), y_train_lr)
# -⑩
y_pred_rf_lm = rf_lm.predict_proba(rf_enc.transform(rf.apply(X_test)))[:, 1] #-⑪
fpr_rf_lm, tpr_rf_lm, _ = roc_curve(y_test, y_pred_rf_lm) #-⑫
```

代码分析：

⑧ 在数据上训练一个随机森林分类器。

⑨ 将数据（X_train）代入森林中的树中，然后拟合独热编码后的叶片数。

⑩ 将逻辑回归数据子集代入森林中的树中，使用先前训练好的独热编码器对其进行转换，并在其之上拟合逻辑回归模型。

⑪ 计算测试集上的概率估计。

⑫ 计算 roc_curve 值。

注意：

上方的代码是使用随机森林进行监督转化的，后面将使用梯度提升树进行监督转化。

该代码几乎与随机森林相同。

```
grd = GradientBoostingClassifier(n_estimators=n_estimator)
grd_enc = OneHotEncoder()
grd_lm = LogisticRegression(max_iter=1000)
grd.fit(X_train, y_train)
grd_enc.fit(grd.apply(X_train)[:, :, 0])
grd_lm.fit(grd_enc.transform(grd.apply(X_train_lr)[:, :, 0]), y_train_lr)
y_pred_grd_lm = grd_lm.predict_proba(grd_enc.transform(grd.apply(X_test)[:, :, 0]))[:, 1]
fpr_grd_lm, tpr_grd_lm, _ = roc_curve(y_test, y_pred_grd_lm)
```

为了清晰地比较，计算梯度提升和随机森林模型的 roc_curve。

```
y_pred_grd = grd.predict_proba(X_test)[:, 1]
fpr_grd, tpr_grd, _ = roc_curve(y_test, y_pred_grd)
y_pred_rf = rf.predict_proba(X_test)[:, 1]
fpr_rf, tpr_rf, _ = roc_curve(y_test, y_pred_rf)
```

绘制所有选项的 roc_curve，如图 6.3 所示。

ROC曲线
正确率
错误率
RT+LR
RF
RF+LR
GBT
GBT+LR

(a)

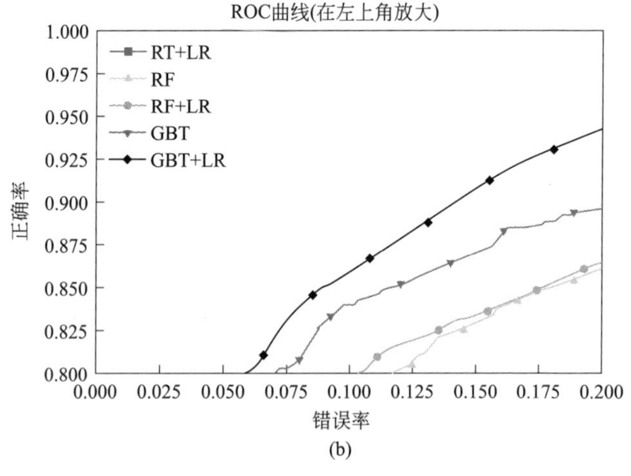

(b)

图 6.3　roc_curve 曲线图

很明显，基于集合的嵌入是线性分类任务中起关键作用的预处理步骤。

6.3 构建随机森林分类器预处理程序

理想条件下，数据是没有缺陷的。而实际中，并没有一个完美的理想环境。在组合模型之前，数据需要进行预处理，借助 sklearn 强大的构建模块完美地建立预处理程序。结合 sklearn.pipeline.Pipeline 和随机森林分类模型进行预测。

使用泰坦尼克号数据集为幸存者建立一个二进制分类器。分类器将用以下数字特征进行训练：

```
# - age: float.
# - fare: float.
```

用以下分类特征进行训练：

```
# - embarked: categories encoded as strings {'C', 'S', 'Q'}.
# - sex: categories encoded as strings {'female', 'male'}.
# - pclass: ordinal integers {1, 2, 3}.
```

使用 fetch_openml 来获取数据集，从 openml.org 资源库中下载数据（openml.org 是一个允许任何人上传开放数据集的机器学习数据和实验的公共资源库）。从 sklearn 0.22.2 版本开始，可以指定 as_frame 参数，以数据帧的形式返回数据，这对探索和实验相当有用：

```
np.random.seed(0)
X, y = fetch_openml("titanic", version=1, as_frame=True,
return_X_y=True)
```

info() 方法对于获取数据的快速分析非常有用，特别是行的总数、每个属性的类型以及非空值的数量：

```
X.info()
<class 'pandas.core.frame.DataFrame'>
RangeIndex: 1309 entries, 0 to 1308
Data columns (total 13 columns):
pclass       1309 non-null float64
name         1309 non-null object
sex          1309 non-null category
age          1046 non-null float64
sibsp        1309 non-null float64
parch        1309 non-null float64
ticket       1309 non-null object
fare         1308 non-null float64
cabin        295 non-null object
embarked     1307 non-null category
boat         486 non-null object
body         121 non-null float64
home.dest    745 non-null object
```

注意：

虽然有 1309 个实例，但年龄一栏只有 1046 个表示缺失的值，需要人为地在程序中处理这些缺失的值。

分析分类字段的问题，可以使用 value_counts 方法来处理，该方法可以让用户看到分类的总数和每个分类的条目：

```
X['pclass'].value_counts()
3.0        709
1.0        323
2.0        277
X['sex'].value_counts()
male       843
female     466
X['embarked'].value_counts()
S    914
C    270
Q    123
```

为数字和分类数据创建预处理程序，所有缺失的年龄值将被替换成中位数（即年龄列的中位数）。可以很容易地了解其他潜在的策略：

① 如果是平均值，那么就用每一列的平均值来替换缺失的值。只能用于数字型数据。

② 如果是中位数，那么就用每一列的中位数来替换缺失的值。只能用于数字型数据。

③ 如果是频值，那么就用每一列出现的最多值来替换缺失的值。可以用于字符串或数字数据。

④ 如果是常数，那么就用 fill_value 替换缺失的值。可以用于字符串或数字数据。

StandardScaler 可以通过去除平均值和缩放单位方差来标准化特征。

一个样本的标准分为 x，计算为：

```
z = (x - u) / s
```

式中，u 是训练样本的平均值，如果 with_mean=False，则为 0; s 是训练样本的标准差，如果 with_std=False，则为 1。

数据集的标准化是许多机器学习估计器的共同要求，如果单个特征不同于标准的正态分布数据（例如，均值为 0、方差为单位的高斯变量），可能训练出错。注意：随机森林和梯度提升方法对变量的大小不敏感，所以，在拟合这类模型之前不需要进行标准化。下列程序为介绍完整性，进行了标准化。

```
numeric_features = ['age', 'fare']
numeric_transformer = Pipeline(steps=[
('imputer', SimpleImputer(strategy='median')),
('scaler', StandardScaler())])
```

OneHotEncoder 将分类特征编码成数字阵列，这个转化器的输入是类似数组的整数或字符串，表示分类（离散）特征所取的数值。

```
categorical_features = ['embarked', 'sex', 'pclass']
categorical_transformer = Pipeline(steps=[
    ('imputer', SimpleImputer(strategy='constant', fill_
value='missing')),
    ('onehot', OneHotEncoder(handle_unknown='ignore'))])
```

目前，已经分别创建了分类列和数字列的转换器，如果有一个能够处理所有列的转化器，并对每一列自动应用适当的转化，则会更加方便。在 0.20 版本中，scikit-learn 引入了 ColumnTransformer，它提供此功能，与 Pandas 数据框架的匹配也很融洽。

```
from sklearn.compose import ColumnTransformer
preprocessor = ColumnTransformer(
    transformers=[
        ('num', numeric_transformer, numeric_features),
        ('cat', categorical_transformer, categorical_
        features)])
```

首先，需要导入 ColumnTransformer 类，用数字和分类的列名列表初始化 ColumnTransformer。构造函数需要一个图元列表，每个图元包含一个名称、一个变换器。在此程序中，数值特征应该使用数值变换器（numeric_transformer）进行变换，分类特征应该使用分类变换器（categorical_transformer）进行变换。初步准备好的程序，最后需要添加分类器，在这个程序中，调用的是一个随机森林。如果将数据输入到程序之前将其分成训练和测试，会不会出现其他现象?

```
X_train, X_test, y_train, y_test = train_test_split(X, y,
test_size=0.2)
```

数据拟合程序：

```
pipeline.fit(X_train, y_train)
print("model score: %.3f" % clf.score(X_test, y_test))
```

值得注意的是，随机森林是用 255 个估计值初始化的，这个数字是怎么来的？是用网格搜索来寻找最佳参数。事实上，对于实际问题，用搜索（网格搜索、随机搜索等）优化的程序是常态，只是把网格搜索添加到这个程序中。

首先，需要导入 GridSearchCV。然后，需要定义我们感兴趣的参数的搜索空间：

```
from sklearn.model_selection import GridSearchCV
# Number of trees in random forest
n_estimators = [int(x) for x in np.linspace(start = 100, stop =300, num = 10)]
# Number of features to consider at every split
max_features = ['auto', 'sqrt']
# Maximum number of levels in tree
max_depth = [int(x) for x in np.linspace(10, 110, num = 11)]
max_depth.append(None)
# Minimum number of samples required to split a node
min_samples_split = [2, 5, 10]
# Minimum number of samples required at each leaf node
min_samples_leaf = [1, 2, 4]
# Method of selecting samples for training each tree
bootstrap = [True, False]
```

接下来，准备参数网格。注意：使用转换器名称和双下划线将参数映射到一个特定的转换器：

```
grid = {'classifier__n_estimators': n_estimators,
'classifier__max_features': max_features,
'classifier__max_depth': max_depth,
'classifier__min_samples_split': min_samples_split,
```

```
'classifier__min_samples_leaf': min_samples_leaf,
'classifier__bootstrap': bootstrap}
```

下面是参数搜索空间的外观:

```
pprint(grid)
{'classifier__bootstrap': [True, False],
' classifier__max_depth': [10, 20, 30, 40, 50, 60, 70,
80, 90,100, 110, None],
'classifier__max_features': ['auto', 'sqrt'],
'classifier__min_samples_leaf': [1, 2, 4],
'classifier__min_samples_split': [2, 5, 10],
' classifier__n_estimators': [100, 122, 144, 166, 188,
211,233, 255, 277, 300]}
```

初始化 GridSearchCV :

```
search = GridSearchCV(estimator = pipeline,param_grid =
grid,cv = 3, verbose=2, n_jobs = -1)
```

拟合网格搜索模型:

```
search.fit(X_train, y_train)
```

通过 best_params_ 属性检查最佳参数值:

```
print(search.best_params_)
{'classifier__bootstrap': True, 'classifier__max_depth': 10,
'classifier__max_features': 'auto', 'classifier__min_
samples_leaf': 2, 'classifier__min_samples_split': 10,
'classifier__n_estimators': 255}
```

程序和网格搜索不是专门针对集成的，但需要知道如何有效地通过集成使用它们，才能获得准确的集成。

6.4 孤立森林进行异常点检测

孤立森林是一种高效的异常点检测算法，特别是在高维数据集中。该算法通过挑选一个随机特征和一个随机阈值（在最小值和最大值之间）来分割数据集，从而建立一个随机森林。数据集的分割一直持续到所有实例最终都与其他实例隔离。异常值的频率低于常规观察值，通常具有不同的值。总的来说（在所有的决策树中），它们被隔离的步骤往往比普通实例少。在图 6.4 中，带星号的点表示异常的点。

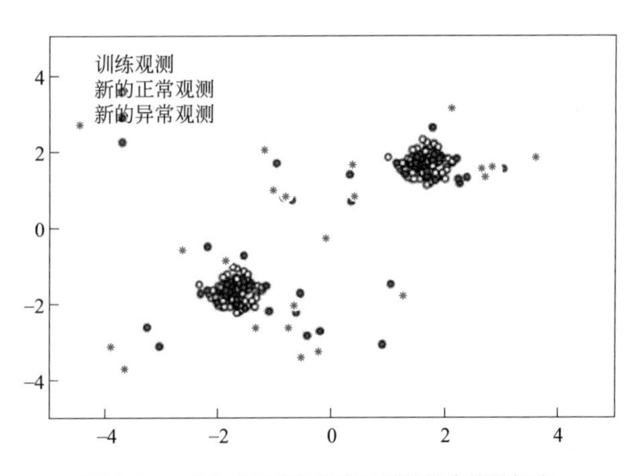

图 6.4　一个包含正常和异常观测值的虚拟数据集

如图 6.4 所示，正常的点聚集在一起，而异常的点则离其他点很远。因此，在随机划分领域空间的同时，异常点被检测到的分区数量要比正常点少，较少的分割数表明离根节点的距离较近（即从根节点到达终端节点所穿越的边数较少）。隔离一个样本所需的分割数（或分区数）相当于从根节点到终端节点的路径长度。

随机划分会因异常情况产生明显较短的路径。因此，当随机树的森林为特定样本集体而产生较短的路径长度时，极有可能是异常情况。图 6.5 和图 6.6 介绍了这一点。

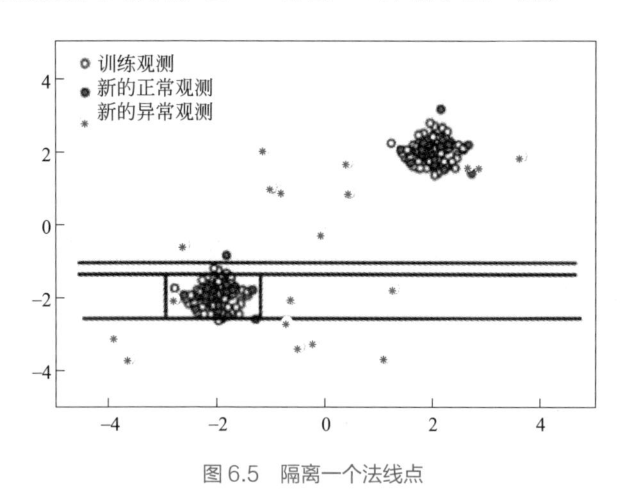

图 6.5 隔离一个法线点

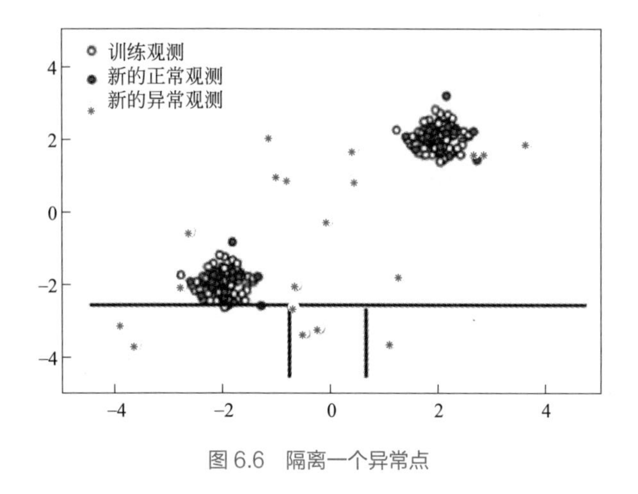

图 6.6 隔离一个异常点

判断一个点是正常还是异常，从路径长度可以看出，隔离森林算法得到每个样本的异常得分。例如，如果得到的异常得分是0.7，那么就解释为该点有70%的概率是一个异常点。

现在对孤立森林的任务有了一个认识，则要通过代码实现它。

首先导入必要的模块：

```
from sklearn.ensemble import IsolationForest
rng = np.random.RandomState(42)
```

训练集和测试集的常规新观察值是由标准的正态分布生成的，而离群值是由均匀分布生成的：

```
# Train data
X = 0.3 * rng.randn(100, 2)
X_train = np.r_[X + 2, X - 2]
# Regular novel observations
X = 0.3 * rng.randn(20, 2)
X_test = np.r_[X + 2, X - 2]
# Abnormal novel observations
X_outliers = rng.uniform(low=-4, high=4, size=(20, 2))
```

初始化和拟合孤立森林：

```
clf = IsolationForest(max_samples=100, random_state=rng)
clf.fit(X_train)
```

随着模型的训练，生成预测值:

```
y_pred_train = clf.predict(X_train)
y_pred_test = clf.predict(X_test)
y_pred_outliers = clf.predict(X_outliers)
```

把隔离森林的预测结果绘制出来并进行可视化（图 6.7）:

```
xx, yy = np.meshgrid(np.linspace(-5, 5, 50),
np.linspace(-5, 5, 50))
Z = clf.decision_function(np.c_[xx.ravel(), yy.ravel()])
Z = Z.reshape(xx.shape)

plt.title("IsolationForest")
plt.contourf(xx, yy, Z, cmap=plt.cm.Blues_r)
b1 = plt.scatter( X_train[:, 0], X_train[:, 1],
                  c='white',s=20, edgecolor='k')
b2 = plt.scatter( X_test[:, 0], X_test[:, 1],
                  c='green',s=20, edgecolor='k')
c = plt.scatter( X_outliers[:, 0], X_outliers[:, 1],
                  c='red',s=20, edgecolor='k')
plt.axis('tight')
plt.xlim((-5, 5))
plt.ylim((-5, 5))
plt.legend([b1, b2, c],
           ["training observations",
            "new regular observations", "new abnormal
             observations"], loc="upper left")
plt.show()
```

与其他异常点检测算法相比，孤立森林是相当独特的。

与常用的基本距离和密度表征相比，它引入了隔离作为一种高效的检测异常的方法。无论数据集的大小如何，它都可以用少量的树建立一个性能良好的模型。

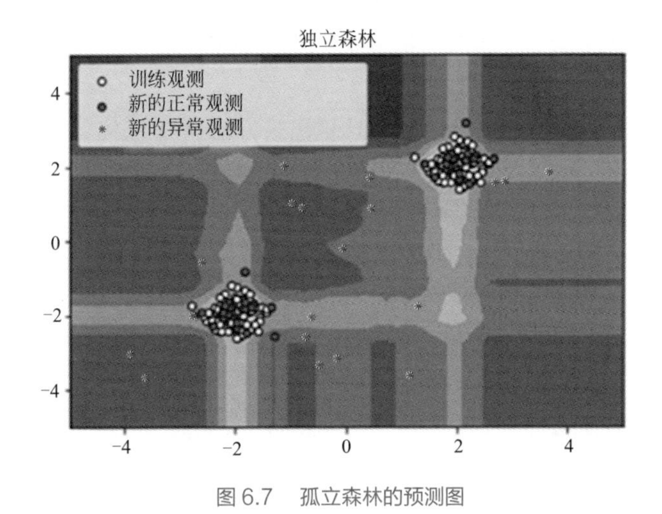

图 6.7　孤立森林的预测图

6.5　使用Dask库进行集成学习处理

在集成时，可能会面临两种不同的缩放问题（缩放策略取决于面临的是哪一类问题）：

① 大型模型。虽然数据在 RAM 中拟合，但包含许多模型。

② 大型数据集。数据量大于 RAM 内存，但不能采取抽样的方法。

Dask 可以协助扩展集成：

① 对于大型模型，使用 dask_ml.joblib 和常用的 scikit-learn 估计器。

② 对于大型数据集，使用 dask_ml 估计器。

为了扩展一个集合程序，需要跨越大型模型和数据集的思维，回顾程序和网格搜索，Dask 有助于预处理和参数空间搜索模块的优化。

6.5.1 预处理

dask_ml.preprocessing 包含一些 scikit-learn 风格的转换器，可以在程序中使用，作为模型拟合过程的一部分，执行各种数据转换。这些转换器在 Dask 集合（dask.array, dask.dataframe）、NumPy 数组或 Pandas 数据帧上运行良好。

注意：

为什么使用 Dask 进行预处理？因为它适合于并联与转换。

表 6.1 列出了一些转化器，这些转化器（大部分）是 scikit-learn 对应产品的替代品。scikit-learn 对应 Dasks 插入式转换器的替代物。

表6.1　Dask为scikit-learn提供的替代品

转换器	描述说明
MinMaxScaler（[feature_range,copy]）	通过将每个特征缩放到给定范围来转换特征
QuantileTransformer（[n_quantiles,…]）	使用分位数信息转换特征
RobustScaler（[with_centering,with_scaling,…]）	使用对异常值具有鲁棒性的统计信息缩放特征
StandardScaler（[copy,with_mean,with_std]）	通过去除平均值并缩放到单位方差来标准化特征
LabelEncoder（[use_categorical]）	使用介于 0 和 n_classes-1 之间的值对标签进行编码

在使用 dask_ml.preprocessing 时，有两件重要的事情需要注意：

① 需对 Dask 集合进行并行操作。

② 当输入是一个 Dask 集合时，transform 需返回 dask.array 或 dask.dataframe。

表 6.2 列出了有助于将非数字数据转换为数字数据的 Dask 转换器。

表6.2　将非数字数据转换成数字数据的Dask转换器

转换器	描述说明
Categorizer（[categories,columns] ）	将数据帧转换为分类数据类型
DummyEncoder（[columns,drop_first] ）	虚拟（独热）编码分类列
OrdinalEncoder（[columns] ）	序号（整数）对分类列进行编码

转换器作为程序中的预处理步骤非常有用，但估计器需要所有数字数据。通过 pipeline 来检查代码中的转换器。

① 对文本数据进行分类。

② 对分类数据进行虚拟编码。

③ 拟合随机森林分类器。

最后导入选定的数据库：

```
from sklearn.pipeline import make_pipeline
import pandas as pd
import dask.dataframe as dd
```

在 Pandas 数据框架中初始化 Dask 数据框架：

```
df = pd.DataFrame({"A": [1, 2, 1, 2], "B": ["a",
"b", "c", "c"]})
```

```
X = dd.from_pandas(df, npartitions=2)
y = dd.from_pandas(pd.Series([0, 1, 1, 0]),
npartitions=2)
```

建立拟合程序：

```
pipe = make_pipeline(Categorizer(),DummyEncoder(),RandomForestC
lassifier())
pipe.fit(X, y)
```

Categorizer 将 X 中列的一个子集转换为分类数据类型(categoricaldtype)，默认情况下，它转换所有的对象类型列。

DummyEncoder 对数据集进行虚拟（或独热）编码，将一个分类列替换成多个列，其中的值为 0 或 1。

通过阅读 sklearn.preprocessing 文档了解更多信息：

https://scikitlearn.org/stable/modules/preprocessing.html

6.5.2 超参数搜索

在 DaskML 中，有两种超参数优化估计器。良好的估计器取决于数据集的大小和底层估计器是否实现了 partial_fit 方法。

如果数据集相对较小或者基础估计器没有实现 partial_fit，可以使用 dask_ml.model_selection.GridSearchCV 或 dask_ml.model_selection.RandomizedSearchCV。这些都可以直接替代 scikit-learn（表 6.3），能够提供更好的性能和对 Dask 数组和数据帧进行处理。

表6.3 scikit-learn替代参照

dask_ml.model_selection. GridSearchCV	估计量在指定参数值上的穷举搜索
dask_ml.model_selection. RandomizedSearchCV	超参随机搜索

（1）递增式超参数优化

第二类超参数优化使用增量式超参数优化。当全部数据集不适合在一台机器的内存中使用时，就应该使用这种优化。

在 Dask 中，dask_ml.model_selection.IncrementalSearchCV 是处理这类问题的方法，这个方法在支持 partial_fit 的模型上进行增量地超参数搜索。

广义上讲，增量优化从一批模型（基础估计器和超参数组合）开始，用成批的数据反复调用基础估计器的 partial_fit 方法。

（2）分布式集合拟合

剩下部分是集成拟合和预测，导入相关数据库：

```
from sklearn import datasets
from sklearn.ensemble import GradientBoostingClassifier
import dask_ml.datasets
from dask_ml.wrappers import ParallelPostFit
```

唯一新导入的是 dask_ml. datasets 和 ParallelPostFit。dask_ml.datasets 等同于 sklearn.datasets，用它来创建一个大型 toy dataset。

ParallelPostFit 是一个用于并行预测和转换的元估计器，可以把它看作是一个分布式得分函数（在 sklearn 中）。

需要注意的是，这个方法不适合在大型数据集上进行并行或分布式训练。为此，可以使用 Dask Incremental，它提供了分布式（但是是顺序式）训练的方法。通过一个 1000 个样本的训练数据集正常拟合：

```
X, y = datasets.make_classification(n_samples=1000, random_state=0)
clf = ParallelPostFit(estimator=GradientBoostingClassifier(),
                      scoring='accuracy')
clf.fit(X, y)
```

建立一个更大的玩具数据集。

```
X_big, y_big = dask_ml.datasets.make_classification(n_samples=100000, random_state=0)
```

新的 Dask 输入的预测与在 sklearn 中做的相同，同时，分类器可以处理比内存大的预测数据集。

clf.predict(X_big)		
数组	块	
字节 800.00kB	200B	
模型 （100000,）	(25,)	
计数 8000 Tasks	4000 Chunks	
类型 int64	numpy.ndarray	

建立一个投票分类器，投票分类器模型将多个模型（即子估计器）组合成一个单一的模型，因此（理想情况下）比任何一个单独的模型都要强。

但为什么要使用 Dask 呢？ Dask 提供的软件可以在集群中的不同机器上训练各个子估计器。这使得用户可以并行地训练更多的模型，而不是在单台机器上。用 Dask 的代码来探索投票分类器，导入相应的模块：

```
from sklearn.ensemble import VotingClassifier
from sklearn.linear_model import SGDClassifier
from sklearn.ensemble import RandomForestClassifier
from sklearn.svm import SVC
import sklearn.datasets
X, y = sklearn.datasets.make_classification(n_
samples=1_000,n_features=20)
classifiers = [
    ('sgd', SGDClassifier(max_iter=1000)),
    ('rf', RandomForestClassifier()),
    ('svc', SVC(gamma='auto')),
]
clf = VotingClassifier(classifiers, n_jobs=-1)
```

前面章节中介绍过这些代码。初始化 dask-distributed 集群，这个问题在第 5 章中可以找到。

```
import joblib
from distributed import Client
client = Client()
with joblib.parallel_backend("dask"):
clf.fit(X, y)
```

这段熟悉的代码展现了用 Dask 扩展集合的优势，关键是要记住集成程序的预处理、训练和预测任务的可扩展选项。

6.6 本章小结

回顾本章内容:

① 随机森林在训练一些重要特征方面非常方便，可以使用估计器 feature_importances_ 变量。

② 森林嵌入使用随机森林表示一个特征空间。嵌入给了特征更高的维度，有助于线性分类器获得高准确性。

③ sklearn 提供了一个很好的工具集来构建一个集合预处理通道。sklearn.pipeline 可以构建一个转化器接口。

④ sklearn ColumnTransformer 提供了一个统一的方式来连接接口。

⑤ 孤立森林是一种高效的异常点检测算法，特别是在高维数据集中。它通过随机选择一个特征，然后在所选特征的最大值和最小值之间随机选择一个分割值来隔离观察。

⑥ dask_ml.preprocessing 包含一些 scikit-learn 类型的转化器，可以在程序中使用，作为模型拟合过程的步骤进行各种数据转化。

⑦ 在 Dask-ML 中，有两种超参数优化估计器。使用哪一种更合适，取决于数据集的大小以及底层估计器是否实现了 partial_fit 方法。

⑧ Dask ParallelPostFit 是一个用于并行预测和转换的元估计器。

⑨ Dask 提供的软件可以在集成中的不同机器上训练各个子估计器。这使用户能够并行地训练更多的模型，而不是在单台机器上。

致谢

本书已经到了结尾部分，真诚地感谢您一直读到最后，同时真诚地希望您能够在项目中有效地应用集成技术。

实践是获取书中知识最有效的途径，试着运行书中的代码片段，尝试运用集成学习技术到您的项目。

我们最大的期许是希望这本书能够让您将集成学习技术作为一个常规工具添加到机器学习技能工具库中，同时推动集成学习的发展，也祝愿您能够在学习中收获快乐。